輕簡優雅 北歐日用品賞析

瑞昇文化

前言

我之所以會對北歐有興趣，是因為亞納・雅各布森（Arne Emil Jacobsen，丹麥建築師。）所設計的椅子。在日本，他設計的椅子雖然被冠上設計師椅之類的稱號，但在當地則是會出現在友人家中的餐廳、街邊的咖啡館，甚至隨地倒在小學體育館裡。這張椅子在當地不是什麼特別的物品，而是融入普通日常生活中的一部分。

我想北歐設計之所以能風靡全世界，一定是因為這些每天重複使用的日用品件件雅緻精美。

無論是早晨醒來時用來飲用清水的玻璃杯，還是沖泡咖啡的咖啡杯。

無論是白天工作或讀書時使用的文具，還是孩子的玩具。

無論是夜裡和家人一起共度美好時光的傢俱，還是柔和地照亮每個人的溫暖燈光……

北歐有許多出自優秀設計師與製造者之手的產品。這些產品有些被譽為名作，但其實原本都只是出自有其需求，而且本著想讓生活更方便美好、同時又能長久使用的想法而製造。

本書精選出受人喜愛的百件「北歐日用品」，從每樣產品的故事到製造背景等內容逐一詳細介紹。

若讀者因為透過《輕簡優雅　北歐日用品賞析》這本書而更加了解北歐，進而讓生活變得更加美好，我將備感榮幸。

萩原　健太郎

contents

contents

contents

contents

攝影 永禮 賢
造型 片野坂 圭子
設計 高橋 良
編輯 別府 美絹

001

凱・佛蘭克的Tumbler#2744玻璃杯

Iittala公司至今仍販售的長銷商品——「KARTIO」玻璃杯。據說其原型來自Nuutajarvi公司所製造的口吹玻璃（人工吹製玻璃）「2744」。從玻璃杯底可以看見玻璃吹桿留下的痕跡。

與這款玻璃杯邂逅，我記得是在芬蘭圖爾庫的一家舊貨精品店。（譯註：舊貨並非指二手貨，而是銷售長達30～50年的經典商品。）我當時與神奈川的舊貨精品店兼北歐傢俱talo店主的山口太郎先生以及攝影師永禮賢先生一起到那裡採訪。現場有兩個2744玻璃杯，太郎推薦這是非買不可的商品，成了我和這款玻璃杯結緣的契機。我雖然喜歡藍色卻深受玻璃杯薄透度所吸引，因此選了咖啡色。況且，我想這樣也更能展現崇敬凱・佛蘭克（Kaj Franck，芬蘭設計師。）不具名傑作的態度。順帶一提，永禮先生買了藍色的玻璃杯。

像這樣每個產品都有些微差異，我認為也是舊貨的魅力之一。

002

芬・優爾的柚木碗

芬・優爾（Finn Juhl）這個人被稱為孤傲的設計師，其實非常貼切。1940～50年代被稱為丹麥傢俱的黃金時期，其中心人物就是在丹麥皇家藝術學院傢俱系師事卡爾・克林特（Kaare Klint）的歐雷・旺夏（Ole Wanscher）以及波耶・莫耶謝（Borge Mogensen）、莫耶謝的摯友漢斯・J・華格納（Hans J. Wegner）等人。他們所設計的傢俱以克林特所教導的再設計與人體工學為基礎，相較之下建築系出身的優爾，其設計的傢俱則富有雕塑感與獨創性，在當時並未能獲得認同。優爾終於被大眾接受，已經是1951年經手「紐約聯合國大樓信託管理理事會會議室」內部裝潢以後的事情了。優爾在丹麥也被評論為發跡於美國，之後才紅回國內的設計師。

在芬・優爾以傢俱為主的作品當中，這只φ150㎜柚木製木碗是最小件的類型。木碗當中也蘊含了高雅而大膽、宛如雕塑般的曲線美感。

003

安蒂・努爾美斯米的咖啡壺

在電影《海鷗食堂》中常出現的咖啡壺。雖然有很多類似的琺瑯製咖啡壺，但這款咖啡壺的親切的外型，壺蓋頭與握把的細節等，蘊含微小而關鍵的差異。咖啡壺的設計師是安蒂・努爾美斯米（Antti Nurmesniemi）。從咖啡壺到桑拿專用椅、電話、赫爾辛基的懷舊火車、鐵塔等都有他的作品，是一位非常多元的設計師。他的設計總是流露出一股溫馨感。

我心目中世界第一的設計師夫妻雖是Charles & Ray Eames，但若限北歐地區，努爾美斯米夫婦算名列冠軍。2011年我曾採訪安蒂的夫人——沃可・努爾美斯米（Vuokko Nurmesniemi）。她在Marimekko草創時期與設計師瑪雅・伊索拉（Maija Isola）一起大顯身手，之後創立品牌，是一位傳奇設計師。她現已年過八旬卻仍繼續從事設計工作，英姿颯爽的模樣十分帥氣。回想與安蒂的歲月時，她如此說道：「和他在一起的日子非常美好。我們真的是Beautiful Couple。」我彷彿感覺似乎了解安蒂這個人，也更喜歡他的作品了。

004

奧法・多伊卡的 Kastehelmi玻璃盤

「Kastehelmi」在芬蘭語當中意指「朝露」。在早晨和煦的陽光下，玻璃盤那宛如無數閃耀水滴的模樣與落在餐桌上的陰影形成鮮明對比，彷彿一幅畫。

這樣令人印象深刻的裝飾，據說其實是為了要彌補玻璃製作工法上的缺陷，而想出來的設計。Kastehelmi玻璃盤是使用將融化的玻璃灌入金屬模型、由機器鑄造成型的壓製玻璃工法所製成，但其製程當中無論如何都接縫。因此，設計師奧法・多伊卡（Oiva Toikka）想到在玻璃盤加上水滴狀的裝飾。不只可以彌補壓製玻璃的弱點，還能讓產品更美。從這些細節就可以看出設計師的功力。

Kastehelmi玻璃盤自1964年問世以來，一直生產至1988年。雖然在2010年出了復刻版，但所謂的舊貨與現行販賣的產品還是有一些差異。若要舉出最具代表性的地方，我認為是舊貨的水滴突起比較高，而且玻璃盤因此令人感覺更加閃耀。我個人比較喜歡這種感覺。

005

凱・波伊森的猴子擺飾

那是十年前左右，我還住在丹麥的事情。我在跳蚤市場雜亂而眾多的店家當中，與這隻「猴子」相遇。大多數的商品都是不需要的東西所以非常便宜，但這隻猴子的價格卻不然。看到我詫異的表情，店主人說：「畢竟，這是那個……」自豪地開始講起故事來。是的，這就是自1951年誕生以來，超越半世紀，不只在丹麥更在全世界一直廣受喜愛的猴子擺飾。無論是舉起雙手、吊著搖晃的樣子，還是反省、可愛的表情，它都用肢體動作療癒了我們的心。

猴子擺飾的創造者是丹麥人——凱・波伊森（Kay Bojesen）。他以製作猴子、大象、皇家衛兵隊等木製玩具聞名，但年輕時曾在喬治・傑生（Georg Jensen）的門下修習銀飾製作，1938年發表丹麥皇室、大使館御用且成為暢銷商品的餐具「Grand Prix」系列。順帶一提，現在的產品為不鏽鋼製，據說在日本的不銹鋼產地——新瀉縣的燕三条製造。

006

北極狐Kånken後背包

北極狐是1960年創業的瑞典戶外用品品牌。該公司在極北地的格陵蘭、巴西熱帶雨林、澳洲的灼熱沙漠等極限環境中反覆測試，開發耐久度高的產品廣受好評，但最近在日本卻是因為其時尚的外觀而受到注意。

如此說來，我也其中之一。這款產品擁有後背包少見的直線條簡潔外觀，而且有多種顏色，令人情不自禁想帶回家。據說背包款式是以電話簿為設計概念。

我買的背包是「Kånken」系列，誕生於1978年。其設計背景來自於當時因為使用單肩背包，瑞典的民眾、尤其是孩童普遍有背痛情形，這款背包就是為了減緩背痛而設計。使用輕量且耐久度好的防水材質、好背的背帶、在適當的位置加上口袋、logo可當作反光板讓使用者晚上也能安心走路等，處處可見對使用者的體貼。難怪在瑞典被當作國民書包。我自己也是至今仍然每天使用。

FJÄLLRÄVEN
KÅNKEN

007

Lapuan Kankurit

羊毛毯

Lapuan Kankurit是1973年創立於芬蘭西部小鎮拉普阿的織品製造商。公司的名稱意指「拉普阿的織布人」。因為這份身為織布人的驕傲，該公司嚴選天然材質，在老練工匠的巧手下製造出高品質的織品。

代表性的商品是毛毯，不僅材質與製造工法講究，毛毯上的圖樣更增添溫暖。陶藝家鹿兒島睦，以原野裡綻放的花朵為發想而設計的「Villikukkia」、織品設計師鈴木Masaru設計捲捲羊毛加上圓滾滾大眼的可愛綿羊圖案「Lammas」、芬蘭插畫家馬丁・皮克薩姆（Matti Pikkujämsä）描繪不同品種、表情的狗狗圖樣「Koirapuisto」等，每一條毛毯都是在寒冷的冬夜，令人想披上的溫暖設計。另外，因為每位設計師都是我曾經採訪過的人，這點也令我非常開心。毛毯尺寸最小為65×90㎝十分便於攜帶，無論是拿來蓋在腿上、或是當作嬰兒毯都恰到好處。

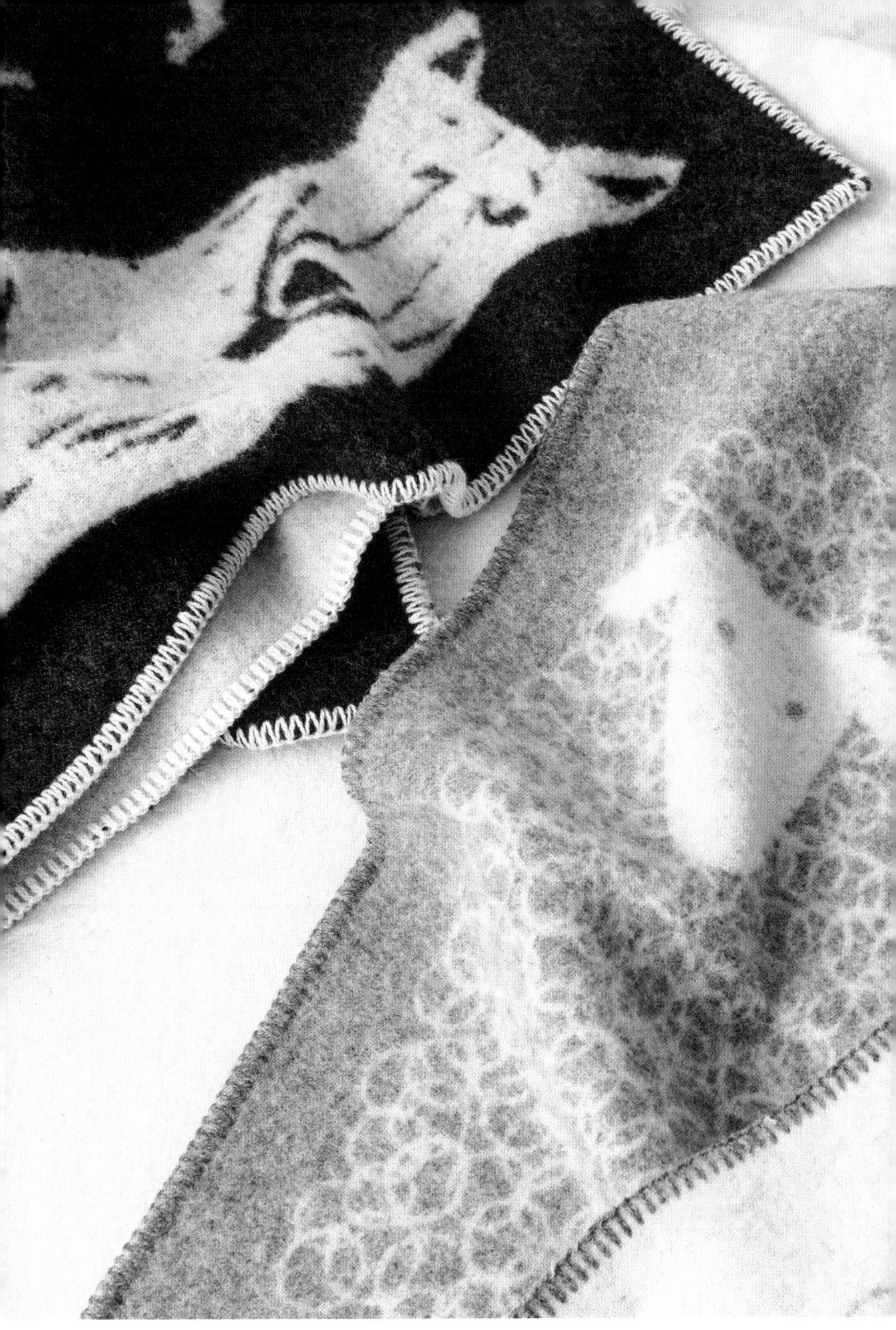

008

海妮・麗塔芙塔的RUNO系列

Arabia成立於1873年，以瑞典陶器品牌Rörstrand的分公司之姿創業。翌年，該公司在赫爾辛基的郊外建設一座工廠。順帶一提，「Arabia」這個名字，是來自工廠廠址位於「Arabia大道」而來。

在舊貨市場當中，凱・佛蘭克與烏拉・布羅柯佩（Ulla Procope）、埃斯泰利・托姆拉（Esteri Tomula）等人創作的Arabia陶器非常受歡迎，但現行商品系列則不然。長銷商品貝魯格・凱比艾內（Birger Kaipiainen）的「Paratiisi」系列則有別於此，Paratiisi系列的造型加上裝飾的「RUNO」，更加提高不容忽視的存在感。

芬蘭語當中RUNO意指「詩」，4只餐盤上的圖案，是出自Arabia藝術部門的海妮・麗塔芙塔（Heini Riitahuhta）所描繪的四季詩歌。剛萌芽的新春、璀璨綻放的盛夏、染紅枝頭的深秋、萬物漸枯的寒冬……，宛如欣賞一幅幅連續畫作。從留白的手法也能看出她的設計品味。

009

阿瓦・奧圖的SIENA圖樣系列

阿瓦・奧圖（Alvar Aalto）以建築與傢俱設計聞名，但她也設計了很多家飾類的產品。掛在層架旁的隔熱手套，其外表的設計為「SIENA」圖樣，最初是在1954年奧圖為了自家住宅而設計的。

整齊的圖樣令人聯想到位於義大利中部的古都西恩納的大聖堂裡，大理石上的條紋。奧圖與第一任妻子艾諾（Aino）在蜜月旅行時造訪義大利，據說自此以來他一生都深受義大利、地中海文化的影響。實際上造訪奧圖的宅邸，發現在客廳有被暱稱為「坦克椅」的「ARMCHAIR 400」扶手椅、「BEEHIVE」蜂巢吊燈、「Aalto Vase」花瓶等奧圖的名作齊聚一室，然而一旁的餐廳則擺放著採購自義大利的餐椅。

SIENA圖樣雖然是整齊的條紋，但仔細觀察會發現並非呈直線，而是有手繪的質感。在摩登現代感當中蘊含著人情味的柔和，我想這正是奧圖的設計魅力。

010

在世界最北端的城鎮購買環保袋

斯瓦巴群島位於歐洲大陸與北極之間。世界最北端的城市——隆雅市，就位於群島之一的斯匹茲卑爾根島上。在這片土地上，11月中旬到2月上旬是永夜時節，不要說樹木，連雜草都長不起來。

然而，這個城市仍然有日常生活，也有學校、教會、商店。為了紀念我造訪世界最北端的超市，買下這只有北極熊圖案的環保袋。順帶一提，斯瓦巴群島北極熊比人類多，據說大約棲息3000頭北極熊。

「Keto」咖啡杯盤組是由卡麗娜・阿赫（Kaarina Aho）設計形狀；埃斯泰利・托姆拉負責設計裝飾圖樣。兩位Arabia最具代表性的女設計師攜手打造的咖啡杯盤組，綻放著生動而惹人憐愛的藍色花朵。

這款咖啡杯盤組據說只生產4年左右。如此美麗的咖啡杯，竟然在這麼短的時間內就絕版，這或許也代表當時Arabia集結了許多明星商品、又或者不符合生產成本、不受消費者喜愛。恣意想像絕版的原因，我認為也是享受舊貨的一大樂趣。

FISKARS

012

FISKARS
橘色剪刀

離赫爾辛基西南方85㎞的地方有一個小村莊，叫做菲斯卡斯（FISKARS）。這個村莊的歷史是與1649年創業、FISKARS公司的前身製鐵所一起開始的。雖然是題外話，但FISKARS公司是芬蘭最古老的企業，現在以旗下擁有Iittala、Royal Copenhagen等品牌而聞名。

FISKARS公司這個以廚房用品、園藝用品、文具等各式刀具為中心發展至今的廠商，最具代表性的產品就是這款橘色剪刀。1967年以人體工學的角度開發出操作性、耐久度佳的產品，奠定了最完美剪刀的地位。

與FISKARS公司一同攜手前行的村莊，由於1973年公司遷移，曾經有一段時間淪為鬼城。然而，在該公司的幫助下，吸引藝術家遷居此地，現在已經有超過百位藝術家、設計師、工匠在此生活，成功轉型為全世界屈指可數的藝術村。

013

iris hantverk
打掃工具

這是擁有百年以上歷史的瑞典老店——iris hantverk所生產的掃把與掃帚組。木製的部分採用白樺木與櫸木材質、刷毛使用馬毛等，因為是結合天然素材與傳統工藝的打掃工具而廣受好評。而且該公司不只講究品質，他們的生產線也聘僱許多視障朋友。

瑞典等北歐國家以良好的社會福利著稱。儘管需付出高額稅金，但卻是無論身心障礙者或移民，所有人都無須擔心年老後生活的社會。我在丹麥聽說過，國家期許年長者無論到幾歲都是納稅義務人，並且以此為傲。納稅就是社會成員的證據。從這個角度來看，iris hantverk公司給予視障朋友工作機會、讓視障朋友負擔繳稅義務，著實是非常有價值的一件事。

014

Cathrineholm
琺瑯雙耳鍋

我總覺得北歐的女性設計師比起其他國家、地區都還要活躍。比如說Marimekko的瑪雅・伊索拉和沃可・努爾美斯米、Iittala的艾諾・奧圖、Arabia的烏拉・布羅柯佩和埃斯泰利・托姆拉、GUSTAVSBERG的麗莎・拉索（Lisa Larson）……。對我而言，像這種要舉例的時候不會提到，但也絕不會遺忘的其中一人就是挪威的妲雷塔・普立茲・凱蒂珊（Grete Prytz Kittelsen）。

1950～60年代是北歐設計的黃金時期，但其中晚了一步的正是挪威。如同在日本被介紹的情形，直到2012年FUGLEN品牌在東京開設分店，挪威的設計才開始廣受注目。

其中最燦爛的光輝就是Cathrineholm品牌旗下，經手蓮花圖紋等琺瑯產品設計的妲雷塔・普立茲・凱蒂珊。當時採用劃時代大膽鮮豔色彩、圖紋的產品，創下空前暢銷的記錄，但她的名字卻鮮少出現在挪威設計史當中。

ARCHITECTURE NOW!
TASCHEN
BUILDING A NEW MILLENNIUM
TASCHEN
ENGLISH COUNTRY
Jacques Garcia
THE RONALD S. LAUDER COLLECTION
BRÜCKE
IMPRESSIONISM
HERBERT
NEW WORLDS

015

亞納・雅各布森的ANT Chair

我之所以會喜歡亞納・雅各布森（Arne Emil Jacobsen），是因為他在設計造型上的品味以及他凡夫俗子的一面。「ANT Chair」正是兼具這兩種特質的作品。這是世界第一把以合板為材料、實現椅背與椅座一體成型3D曲面加工的椅子，其開發的契機，其實是因為美國的Charles & Ray Eames夫婦。

Eames於1946年發表了「DCW」、「LCW」兩款椅子，雖然椅背與椅座分開，卻也是成功以合板3D加工技術製造出來的產品。一直把Eames當作競爭對手的雅各布森，對於Eames未能完成一體成型的椅背與椅座非常執著。據說他為了說服不太願意參與開發的廠商，甚至連商品化之後的買家都先找好了。

在椅背與椅座連接處會產生斷裂等問題上費了許多功夫，終於在1952年成功催生令人聯想到「螞蟻」美麗線條的造型椅。另外補充一點，開發完3年後，以ANT Chair為基礎的「Seven Chair」也誕生了。

016

耶魯・阿爾尼奧的澆水壺

我個人認為芬蘭的耶魯・阿爾尼奧（Eero Aarnio）是北歐設計當中最不像北歐風格的設計師之一。無論是在電影《2001太空漫遊》當中登場的「Ball Chair」太空椅還是宛如大型布偶的「Pony」小馬椅等作品，都顯示出他是擁有幽默想像力、廣泛運用塑膠等材質富有塑形能力的設計師。

相較於前述作品，顯得較為沉穩、卻又充分發揮阿爾尼奧特質的產品，就是由PLASTEX公司販售的澆水壺。這款澆水壺從阿爾尼奧繪製草圖到最後經由手工研磨而成，特色在於阿爾尼奧獨具風格的曲線。雖然是向前傾斜的形狀，但澆水口卻有彎度、不讓水濺出來的設計等，講究每個細節非常體貼使用者。從壺身上標示容量的0.75等數字，可以感覺到他特有的玩心。

017

KOSTA BODA
杯子蛋糕造型玻璃碗

一般而言，大多數人應該都會認為北歐是和平的國度。然而，在商業界現況卻十分嚴峻，企業吸收、合併非常頻繁。目前，丹麥的Royal Copenhagen、瑞典的Rörstrand、芬蘭的Iittala全都隸屬於芬蘭的FISKARS旗下。這難道是維京人後裔的宿命嗎？

KOSTA BODA的歷史，從1742年設立於瑞典南部斯莫蘭的「KOSTA」開始。1971年它與歐洲現存最古老的玻璃製造商「BODA」合併，成為KOSTA BODA公司。該公司的產品以富有藝術性而聞名，瑞典王室晚餐宴上也使用該公司的產品。這款玻璃碗正如其名，令人聯想到杯子蛋糕的形狀，其煙燻色系的光澤、獨樹一格的設計發想、以及實現上述設計的玻璃切割等精湛的技術，令人驚嘆不已。

018

阿瓦・奧圖的GOLDEN BELL吊燈

各位知道嗎？阿瓦・奧圖所設計的吊燈「GOLDEN BELL」其實有2種。

照片裡的吊燈是原創的型號「A330S」。這款吊燈是於1937年為赫爾辛基的「SAVOY」餐廳而設計。另外，同年的巴黎萬國博覽會的芬蘭展館當中也展示同款吊燈。其特徵在於一體成型的滑順曲線。

1954年奧圖設計並發表另一款GOLDEN BELL「A330」，由多種零件組成，使用比原本型號繁複的工法製成。最初是用於于韋斯屈萊大學（University of Jyväskylä）的教職員餐廳。順帶一提，赫爾辛基的「Cafe Aalto」掛在天花板的吊燈就是這一款。

除此之外，以奧圖住宅傑作而聞名的法國Maison Louis Carre宅邸所採用的「A338」，又稱為「Bilberry lamp」。這些奧圖所設計的燈飾，大多都能在空間中獨挑大樑成為主角，件件皆為代表性的作品。

019

芬蘭的松木編織籃

南北狹長、四季鮮明的日本有竹、山葡萄樹、五葉木通樹、軟棗獼猴桃樹、色木槭樹等各式各樣的植披，其中不乏編織籃子的材料。然而，在嚴寒的北歐，卻只有白樺木或松木等材質可使用。

照片中的籃子，是芬蘭產的編織籃。使用削薄的松木材縱橫交錯編織而成，是芬蘭傳統的雜貨。可存放衣服、玩具、植物等，具有令人安心的魔力。越用越令人愛不釋手的編織籃，就連松木慢慢編成深褐色的過程都傳達出美感。

020

normann COPENHAGEN
畚箕掃帚組

normann COPENHAGEN是一個傢俱品牌，善於生產設計與功能兼具、趣味橫生的產品。該品牌有一位丹麥設計師——歐雷・詹森（Ole Jensen），他所設計的產品總是能讓日常生活更方便。

每天都在工作區用毛刷和報紙打掃垃圾和灰塵的歐雷・詹森，想用設計來解決這件事，所以才催生這款「畚箕掃帚組」。不使用時靠在牆邊，讓產品只是閒置在一旁也獨具美感的設計，便可窺見設計師的功力。

021
Arabia 的 Faenza 系列

芬蘭國民每人的咖啡消費量為世界第一。據說許多企業的從業規則當中，明訂上午和下午都有coffee break休息時間。從睡眠中醒來的時候、上午的休息時間、午餐時間、下午的休息時間、晚餐後……光是這樣也喝掉6～7杯了。然而，北歐相較於其他各國，對咖啡的味道沒那麼計較。

咖啡壺旁一定都放著盒裝牛奶。挪威和丹麥人喜歡喝淺焙的黑咖啡，芬蘭人則是喜歡在久煮後變得苦澀的咖啡裡加牛奶飲用。若是如此似乎比較適合用大一點的馬克杯，但也可以喝完再倒，所以使用小咖啡杯也無所謂。其實很像日本人喝麥茶的感覺。

照片裡的小咖啡杯，是出自Arabia 的「Faenza」系列。這個系列有花紋和直線條等完全不同樣式的產品。我個人喜歡白底與檸檬黃的線條組合，真是十分典雅而清爽的設計。

R
R Typography: Arne Jacobsen
A B

022

DESIGN LETTERS
文具商品

據說亞納・雅各布森小時候非常嚮往當一名畫家。平常雖然調皮搗蛋，有時還會妨礙老師上課，但只要讓他拿起畫筆就會變得很乖。然而，在父親的強烈反對之下，他只好踏上成為建築師的道路。

日後雅各布森成為一名成功建築師的故事，已經無須在此贅言。他不僅經手Bellevue beach與SAS皇家飯店等知名建築的設計，觸角更延伸到傢俱與布織品、餐具等商品設計。我還聽說十分喜愛植物的雅各布森，特別熱愛仙人掌。怎麼會有對造型如此敏感的人呢？

照片中DESIGN LETTERS的文具商品上，纖細的活字印刷，其實出自雅各布森的設計。原本是為了奧胡斯市政廳（Aarhus City Hall）內的位置圖而設計。從這項設計就可以看出，上天或許真的賦予他各種才華。偶爾會聽到有人揶揄他的容貌與性格，但看著這些流露出知性氛圍的文具，就不免感覺那些流言蜚語都像是在跟雅各布森鬧彆扭一樣。

023

海克・歐若拉的24h Plate

一提到Arabia的餐具「24h」，大家都會想到在電影《海鷗食堂》中登場的「Avec」系列，但我個人卻比較喜歡它的原型——「24h」。

物如其名，這款樸素餐盤可運用於24小時當中的任何一個場景，而設計它的人正是海克・歐若拉（Heikki Orvola）。以前我採訪過的舊貨商店老闆，自己在家裡也使用這款餐盤，聽說在餐桌上的使用率很高。餐盤無拋光的霧面質感、韻味深沉的墨綠色，無論西式、日式餐點都能盛裝，令人感嘆其寬廣的包容性。

設計師歐若拉是在1960年代以玻璃製造商Nuutajarvi公司旗下藝術家之姿開始設計生涯，發表過「miranda」系列等商品。之後，又為Marimekko公司設計布織品等產品，活躍於各領域。代表作有Iittala與Marimekko合作推出的多彩燭臺「Kivi」。另外，也有人說歐若拉的極簡設計，是承襲自凱・佛蘭克的設計DNA。

024

SKANDINAVISK
HEMSLOJD沙拉叉匙組

在物價高昂的北歐，不會像日本一樣到餐廳開派對，大多都在家裡舉辦居家派對。到了漫長的暑假，還會招待親朋好友到森林或湖邊的夏日小屋渡假。

沙拉叉匙組是方便多人用餐的餐具。使用北歐產的天然木材，由老練工匠仔細打造而成的餐具，不僅有木材的質感與香味，材質本身亦具備優良的殺菌功能。每天使用時留下的傷痕與變色的樣貌，都令人愛不釋手。

025

史蒂格・林多貝利的Konstruktion印刷布料

1940～60年代北歐設計興盛，百貨公司扮演重要角色。赫爾辛基歷史悠久的STOCKMAN百貨，當時還有安蒂・努爾美斯米等人進駐。

斯德哥爾摩的NK（Nordiska Kompaniet）百貨公司，則是由史蒂格・林多貝利（Stig Lindberg）擔任布織品工作室的室長，並於1954年舉辦由12名設計師參與的展覽「SIGNERAD TEXTIL（簽名布織品）」。12名設計師的其中一人就有史蒂格。照片中的「Konstruktion」布料，是50年代為NK百貨公司所設計的產品，現在已經很難找到了。

026

Orrefors的Carat玻璃杯

在瑞典南部的斯莫蘭地區，散佈著大大小小十幾處的玻璃工坊，素有「玻璃王國」之稱。其中最具代表性的品牌，就是登上諾貝爾獎晚宴餐桌的「Orrefors」。

Orrefors公司於1726年創立，原本為鐵工廠。1898年轉換跑道改產玻璃，最初只製造實用性商品。

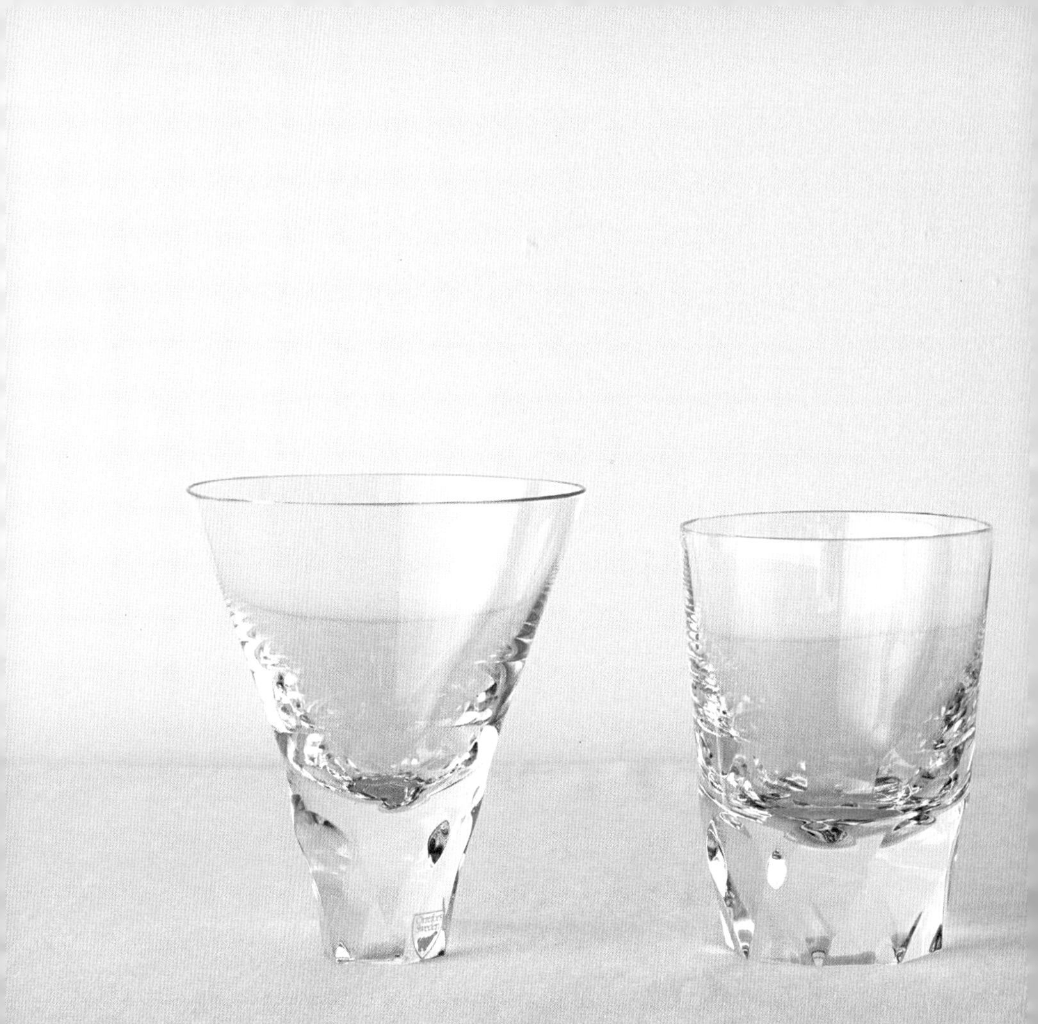

自1914年開始生產鉛玻璃之後，就藉由延攬畫家賽門・蓋特（Simon Gate）、愛德華・巴特（Edward Hald）等方法，加強藝術性的搭配。這一點至今仍未改變，藝術家都配有一位專屬設計師與經驗豐富的工匠，透過團隊合作打造出足以被譽為鉛玻璃工藝代名詞、簡潔而摩登的產品。

設計師雷娜・貝利斯多姆（Lena Bergstrom）所設計的「Carat」玻璃杯，靈感來自於近幾年吸引她目光的珠寶。厚實杯底運用切割技法，就宛如鑽石潛沉一般閃閃發光。

027

亞納・雅各布森的壁掛鐘

亞納・雅各布森逝世已經超過40年，他的存在感至今仍然十分強烈。Fritz Hansen公司是製造雅各布森傢俱的廠商，與該公司合作的凱斯帕・薩路特（Kasper Salto）以前接受我訪問時就曾經直率地評論雅各布森「是個很難纏的對手」。2014年，在雅各布森的孫子多比亞斯（Tobias Jacobsen）的協助之下，成功復刻雅各布森於1958年專為「SAS皇家飯店」所設計的「DROP」水滴椅。

ROSENDAHL公司復刻壁掛鐘的過程也十分精彩。首先邀請泰德・瓦伊蘭德（Teit Weilandt）監製，他在1966年～71年間任職於雅各布森事務所，曾經手Stelton公司「Cylinda-Line」圓筒系列商品與Böhler Uddeholm公司水龍頭金屬零件開發等工作。復刻時先找到現存的壁掛鐘，並且忠實地重現當初的設計。照片中的壁掛鐘日後成為雅各布森的遺作，這是他為「丹麥國立銀行」所設計的「Bankers」壁掛鐘。外觀看起來是棒狀的條紋，由12個方塊組成，以圖示的方式表現時間。另外，鐘面的正中心採用紅色，為極簡設計增添了不少層次感。

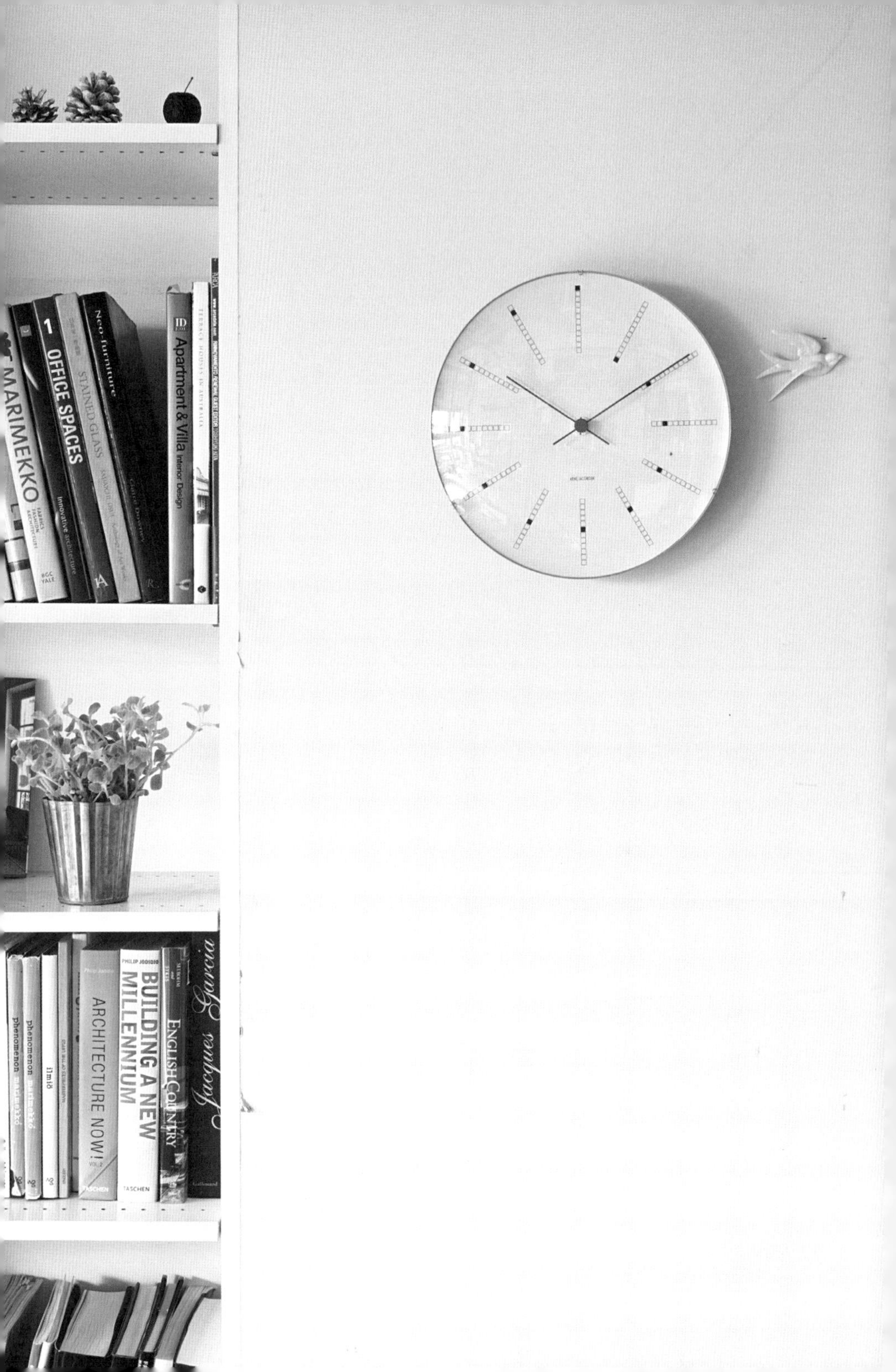
MARIMEKKO
1
OFFICE SPACES
Innovative architecture
STAINED GLASS
Neo-furniture
Apartment & Villa Interior Design
phenomenon
PHILIP JODIDIO
BUILDING A NEW MILLENNIUM
TASCHEN
ARCHITECTURE NOW!
TASCHEN
ENGLISH COUNTRY
Jacques Garcia

史蒂格・林多貝利的Berså系列

若要舉出在1940〜1960年代，對北歐陶瓷器扮演重要角色的兩位設計師……。我想其中一位是凱・佛蘭克。他在戰後的混亂時期，為新的餐具現況指引方向，至今仍是設計師的其中一個指標。另一位則是史蒂格・林多貝利。從實用商品到藝術品都有他的足跡，我認為他是教我享受挑選餐具樂趣的人。

「Berså」在瑞典語的意思是「葉子」。我是因為雅各布森與華格納（Hans J. Wegner）的傢俱才對北歐設計產生興趣，第一次看到這個系列的餐具時，感覺就好像窺見設計的多樣性一樣。我不禁想著：雖然是有規律的圖騰，卻也是那麼大膽且鮮嫩嬌綠的花樣。除此之外，不只是繪畫圖樣，就連造型設計都出自林多貝利之手。而且他很早就發掘麗莎・拉索等設計師，身為藝術總監的能力也十分出類拔萃。我認為他是20世紀北歐最值得驕傲的跨領域創作者之一。

artek

029

Artek

折疊尺

這把折疊尺可伸縮至兩公尺，十分適合從事建築與設計工作的人。或許因為是阿瓦・奧圖所創立的品牌，擁有這把折疊尺令人格外雀躍。

我回想起曾經帶著這把尺，去造訪位於赫爾辛基的奧圖自宅。最令我印象深刻的是工作室空間最深處的窗邊，有一張奧圖的工作桌。桌上擺放著製圖用紙與他愛用的文具，這些物品彷彿都有靈魂，讓我感覺似乎連奧圖的呼吸聲都能聽見。

奧圖的父親是一位測量技師，把自宅當作事務所使用。約翰・西魯茲（Göran Schildt）寫下紀錄奧圖的著作，書名就是《白色桌子》（譯註：原文書名為Valkoinen Pöytä），這張白色桌子就在事務所裡，據說當時有許多工作人員都在這張桌子周圍辛勤工作。奧圖成為建築師後，站在與父親相同的位置上，想必周圍也是同樣的景象吧！在這個住家裡誕生的建築有「巴黎萬國博覽會芬蘭館」、「Villa Mairea」、「赫爾辛基工科大學」等作品。

030

HAY
膠帶台

最近十年誕生的北歐品牌當中，最成功的莫過於丹麥的HAY公司。於2002年由羅倫夫・海依（Rolf Hay）創業，並在翌年的德國科隆國際家飾展中正式推出同名家飾設計品牌，目前已經在能夠俯瞰哥本哈根行人專區斯楚格街的一級地段設有店舖。

照片中的膠帶台，採用與「Seven Chair」、「Y chair」等相同木材——蒙古櫟木。讓容易冰冷無生氣的桌面更為柔和。

Grannas
小馬書籤

北歐什麼都貴，不知道是不是因為工作常接觸的關係，尤其覺得書很昂貴。不過也可能正因如此，所以每個人都很珍惜書本，也沒看過像日本書店那樣提供夾帶廣告的紙書籤，幾乎人人都擁有皮革或木製材質、富有個性的書籤。

Dalarnas horse是瑞典達拉納省所出產的工藝品。這是以「帶來幸福的小馬」為發想的手工書籤，由歷史悠久的工坊Grannas公司出品。

Un'opera
di un'inchi
cui è indaga
che il sindaco
Primio, accusa
superare alcuni
autorizzativa in ca
messa di un sostegn
per le prossime
«Sono amareggiato, ma
dice il primo cittadino –
agito sempre con regolar
sparenza».
L'indagine-madre dei guadagni
partita tre anni fa da un controllo
suale dei documenti di trasporto
un camionista e coordinate dalla

032

艾瑞克・弘格蘭的玻璃杯

這是我在京都舊貨店裡一見鍾情的玻璃杯。我之所以會拿起來端詳，不只是因為我最喜歡橘色。雖然玻璃是一掉到地上立刻就碎裂的纖細材質，但這款玻璃杯混著氣泡的觸感、圓潤的造型都很吸引我。老闆說這是瑞典的玻璃創作者艾瑞克・弘格蘭（Erick Hoglund）的作品。我心想如果是弘格蘭的作品應該更貴才對，老闆接著說：「如果在東京，價格會翻倍喔！」讓我實在是找不到不買的理由。

弘格蘭出生於1932年。在斯德哥爾摩的KONSTFACK（國立藝術工藝設計大學）學習雕刻後，1953年到1973年間在BODA公司任職。當時以簡練的設計為主流，據說他為了能讓玻璃傳達人的觸感與溫度，嘗試把各種材質當作融爐燃料、在木屑堆中投入玻璃等，十分熱中於各種實驗。一般而言，在玻璃製造過程中產生的歪斜與氣泡都不受歡迎，而他卻對這些缺點抱持肯定的態度，為玻璃工藝的世界帶來一股新的風潮。

Flowers
Gone?

033

NORMARK
打獵椅

打獵椅的歷史至少可追溯至兩百年前。對於親近森林的丹麥人而言，打獵椅曾經是十分方便的工具。傳統的打獵椅使用木材與皮革，但現在卻已經很少見了。在這種情況下，NORMARK的打獵椅顯得非常珍貴。

NORMARK是北歐最大的狩獵用品兼釣具批發商，1963年開始生產、販賣打獵椅。椅架使用蒙古櫟木材、椅面採用厚實的油浸皮革，即便如此重量仍控制在1.1kg以內。兼具讓擁有者無比雀躍的高質感、宛如吊床般的舒適性、能折疊攜帶的方便性，可謂打獵椅中的夢幻逸品。

我想現代生活中，已經很少人在打獵時使用了吧！像是釣魚或野餐等戶外活動、家中玄關與廚房等小空間，隨處都是可運用打獵椅的地方。這款打獵椅就算只是靜靜佇立在那裡，也宛如一幅畫般美麗。

034

Atmosphere
地球儀

我有時會發覺自己與某個設計師之間十分契合。譬如拿起喜歡的某件商品時，赫然發現總是出自同一位設計師之手。對我而言，這種十分契合的設計師就是丹麥的Tools Design。最初與其邂逅的機緣，我想是本書後半段中介紹的Eva Solo公司的「Cafe Solo」咖啡壺（P.172）。我至今仍記得，當時我多麼驚豔設計師的想像力。

現在，我則是因為從小就看習慣的地球儀，竟然能做得如此精美而感動不已。丹麥Atmosphere公司所生產的地球儀，顛覆海洋使用藍色、陸地使用大地色系的常識。由鋁製的底座與支柱支撐著、可旋轉的金屬材質地球儀，傳達無上的知性魅力以及時尚觀點。

這也是Tools Design的設計風格。雖然極簡，但仍帶給人們豐富的感受。我想那就是Tools Design最吸引我的地方。

Antoine Predock
OBJECT CATEGORIES
INDIAN OCEAN
IRAN
AFGHANISTAN
PAKISTAN
SAUDI ARABIA
SUDAN
CHAD
NIGER
ETHIOPIA
KENYA
TANZANIA
MADAGASKAR

035

Johanna Gullichsen的利樂手提包

阿瓦・奧圖於1935年創立Artek公司，專門製造、販賣由他親自設計的傢俱。公司創立四年後，他在1939年完成被譽為初期住宅傑作的「Villa Mairea」。當時，在芬蘭社交界擁有莫大影響力的麥雷・古利克森（Maire Gullichsen），不僅是Artek公司創辦人之一，也是Villa Mairea的屋主，從各方面竭力支持奧圖。他的兒子是建築師克利斯汀・古利克森（Kristian Gullichsen）、孫女是布織品設計師尤哈娜・古利克森（Johanna Gullichsen）。

尤哈娜在赫爾辛基大學主修美術史、文學、語言學，之後又在波爾沃的工藝學校學習織布技術，於1989年創立品牌「Johanna Gullichsen」。在Marimekko品牌這種印花布當道的芬蘭，她運用織布技法，以紗線組合與絕妙配色打造出獨具現代感的幾何圖形，而這也成為尤哈娜的一大特色。經典款就是以包裝牛奶等飲品的三角形紙質「利樂包」為發想的「利樂手提包」。

JOHANNA GULLICHSEN

036

麗莎・拉索的獅子擺飾

目前北歐設計圈中當紅的明星，就是麗莎・拉索。不僅出版相關書籍，雜誌也有特輯報導，百貨公司亦熱烈舉辦活動發售許多周邊產品。就像演藝圈一樣，北歐的設計圈可能也需要明星吧！正因為現在就是她走紅的時期，更要好好介紹麗莎・拉索的功績。

麗莎・拉索生於1931年。在哥特堡的學校學習陶藝後，於1954年被史蒂格・林多貝利挖角到GUSTAVSBERG公司。林多貝利看到麗莎所製作的貓咪擺飾馬上提案將之設計製成商品，開始發展成有貓咪、鬥牛犬等「迷你動物園」系列。之後，她又陸續發表有海豹等動物的「斯堪森博物館」系列、以獅子擺飾聞名的「非洲大地」系列。她樸素而惹人憐愛的作品，受歡迎是理所當然的。然而，我個人則是對目前以衛浴、馬桶等衛生陶瓷器為主力商品的GUSTAVSBERG公司，仍然讓陶藝家大展身手、繼續傳承陶瓷器製造商DNA這一點感到十分敬佩。

OBJECT CATEGORIES
PEKKA HARN
ine Predock
houses
RBUSIER AN ANALYSIS OF F
BAKER

037

DANSK的 Koben Style 雙耳鍋

DANSK的創辦人是美國的泰德與瑪莎・尼蘭巴克夫婦（Ted & Martha Nierenberg），他們認為斯堪地那維亞式的設計，或許能為戰後美國新式客廳的現狀提供完美的解決方案。居家空間已經不再需要將廚房與餐廳隔開，亦不需要在家裡舉辦什麼正式的派對。

1953年，尼蘭巴克夫婦前往歐洲旅行，當時便邂逅丹麥的葉森・H・克里斯多各（Jens.H.Quistgaard）的作品。隨後便決定任用克里斯多各，他們確信只要能打造出簡潔細緻的實用商品並且以合理的價格販售，一定能被美國市場接受。因此於1954年創辦調理工具與廚房用品製造商——DANSK公司，而DANSK就是指「丹麥風格」的意思。

1956年發表這款珐瑯雙耳鍋「Koben Style」。鍋蓋上的十字交叉把手，不只為設計增添層次感，還能當作鍋墊使用。在廚房料理完成後，就能直接墊在下面送到餐廳，如此美妙的產品，成功實現尼蘭巴克夫婦，意欲打破廚房與餐廳隔閡的理念。

DANSK

038

BRIO
嬰兒鞋

在日本，若推著嬰兒車去搭地鐵總是會遇到麻煩事，但北歐卻完全沒有這個問題，反而周遭的人會幫忙提嬰兒車、或者讓出空間。那是多麼容易和嬰兒一起出門的環境啊！

就算只是出門散步，也要讓小嬰兒從鞋子開始就很時尚。瑞典的BRIO公司生產的嬰兒鞋，不僅兼具功能性與安全性，材質也是有機皮革，寶寶用舌頭舔也沒關係。這出自艾莉卡・拉萊爾（Erica Laurell）之手，令人忍不住想穿上的可愛設計也是絕不能錯過的重點。

039

寶拉・斯荷內的火災警報器

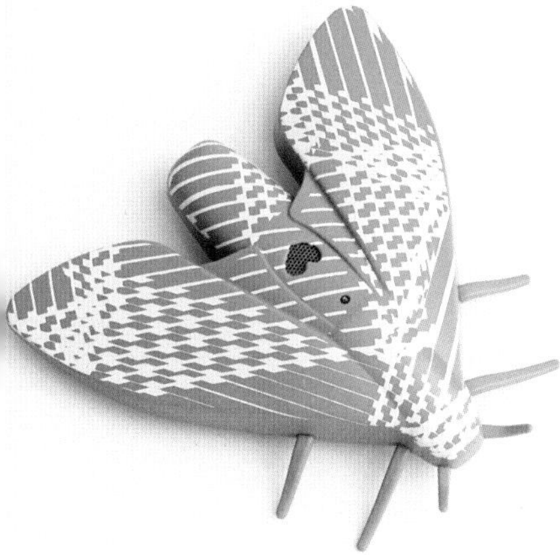

剛開始見到這款產品的時候，著實嚇了一跳。驚豔於它獨特的顏色和外型。對我這個以「融入生活的北歐設計」為題出版書籍的人而言，是一項讓我再次確信北歐設計風格的產品。雖然我們都知道就功能而言火災警報器是必要選項，但其外觀總是會干擾原有的空間設計。沒想到，竟然有這種維持本來功能、還可具備擺飾造型的解決方法。

這款產品的設計師是寶拉・斯荷內（Paola Suhonen）。她是引領芬蘭時尚品牌——Ivana Helsinki的創辦人。最近因為與日本的Sony Plaza、UNIQLO合作，或許讀者當中已經有人知道該品牌了。

040

漢斯・布拉托爾的 Scandia Junior座椅

挪威首都奧斯陸當中，我最喜愛的地點之一就是「挪威建築設計中心（DOGA）」的咖啡館。在街頭一路閒晃至此，看場展覽之後再到咖啡館喝杯啤酒，這樣的行程總會出現在奧斯陸的某一天。我之所以會喜歡這裡，其中一個原因是這裡選用漢斯・布拉托爾（Hans Brattrud）的「Scandia Junior」座椅。就像丹麥路易斯安納現代美術館的咖啡廳採用「Seven Chair」一樣，雖然只是一把椅子，但也可能因為一把椅子而提升空間的價值。

Scandia系列是布拉托爾在1957年就讀大學時，預設在學校中使用而提案的設計，因此重量輕、不容易堆積灰塵成為設計重點。由此孕育出保留間隙的技術，同時也成為造型設計的一部分。

照片中的座椅，是系列當中算是高椅背的「Scandia Prince」，材質選用紅木，是有標註生產序號的稀有產品。這把椅子擁有隨意擺放，就能改變空間氣氛的力量。

nicolai
bergman

041

尼可萊・柏格曼的 Flower box

尼可萊・柏格曼（Nicolai Bergmann）在故鄉丹麥學習花藝與園藝，之後因為父親工作的緣故而來到日本。他一邊在花店工作，一邊學習日本對花藝的思考方式與美學，於2003年成立「Nicolai Bergmann Flowers & Design」品牌。融合斯堪地那維亞的風格、日本講究細節的感性與工匠技術，建構獨樹一格的世界觀，現在他已經成為日本最有名的外國藝術家。

其代表作「Flower box」是因為有大量的訂單要求花朵必須可以堆疊保存而且方便攜帶，這些需求成為催生代表作的契機。此時，柏格曼想到可以在黑色盒子中，塞滿經過特殊加工的永生花。收到禮盒的人會覺得盒子輕得不可思議，打開之後看見瞬間延伸開來的多彩花朵，必定會令人屏息凝視好一陣子。

客戶的要求非常日式，而回應的解答中卻帶著出乎意料的驚喜，我認為那就是純正的北歐風格。

042

愛麗莎・奧圖的H55

1950年代，北歐設計正要進入黃金時期。在這段時間當中，1955年夏季在瑞典南部的港邊小鎮赫爾辛堡，舉辦通稱「H55」的設計博覽會，這是將北歐設計推向世界的大好機會。參加者有瑞典的史蒂格・林多貝利與布魯諾・馬特森（Bruno Mathsson）、丹麥的亞納・雅各布森與芬・優爾、芬蘭的阿瓦・奧圖等人，可謂齊聚北歐各國的設計明星。

照片中的托盤上排列著「H」字母，此圖騰出自阿瓦・奧圖的續絃妻子、布織品設計師愛麗莎・奧圖（Elissa Aalto）之手，名為「H55」。原本是要用在博覽會中阿瓦負責設計的公寓內部的布織品。近年來，致力於開發雜貨的Artek公司，以「abc系列商品」為名推出布料、托盤、手套、化妝包、抱枕套等家飾產品。

043

Stelton
保溫壺

1960年代初期，Stelton公司以不鏽鋼容器販售商之姿創業。1963年進入公司，日後成為社長的彼得・霍姆布拉德（Peter Holmblad），其實是亞納・雅各布森的女婿，據說他在家人聚餐時拜託雅各布森幫忙設計產品，雅各布森雖然不太甘願，但還是勉強在餐巾紙上畫出草圖。日後以這張草圖為起點，催生出不鏽鋼產品的顛峰之作「Cylinda-Line」。但，這段故事卻鮮為人知。

1971年雅各布森逝世之後，帶領Stelton公司繼續前進的人物，是活躍於丹麥陶瓷器廠商BING & GRONDAHL 的艾瑞克・瑪格努山（Erik Magnussen）。他最大的功勳之一，就是在1977年發表的「保溫壺」系列。除了好倒好清洗、又具有保溫效果等基本功能之外，還投入生產新色系。從設計至今仍維持不變，就能看出產品的完成度非常高。瑪格努山除了在Stelton公司以外，還經手傢俱、照明燈具等設計。他所設計的產品並不花俏，但有許多會令人想一直放在身邊的傑作。

044

HACKMAN的Scandia餐具

HACKMAN的前身，是1790年設立於俄羅斯維堡的貿易商社。當初因為在木材產品、木材加工上獲得成功，所以1876年就開始製造餐具。目前鍋具、平底鍋等調理用品、餐具已經成為主要商品。

我特別關注該品牌的餐具，尤其是凱・佛蘭克的「Scandia」系列以及義大利設計師安東尼奧・西堤里歐（Antonio Citterio）的「Citterio 98」皆為眾所周知的名作。然而，這兩者的設計卻大相逕庭。凱・佛蘭克向來被譽為「芬蘭設計的良心」，他所設計的餐具在握柄上紋刻直線，造型非常簡潔。這款餐具於1952年至1989年間持續生產製造，由瑞典的Rörstrand公司以「Ideal」之名販售。另一方面，1998年發表的西堤里歐設計餐具，則大膽採用較大且方便手握的外型。這套餐具所流露出的奢華感，讓它也能用在正式餐廳的餐桌上。

兩套餐具各異其趣，但至今仍象徵著現代芬蘭與義大利的設計風格。

045

彼得・歐布斯福克的平衡椅

在北歐，辦公室多採升降式的辦公桌。久坐雖說不至於罹患經濟艙症候群（譯註：長時間維持相同姿勢，引起靜脈血栓塞栓症。），但一直維持同樣的姿勢也會對健康產生不良影響。說話的時候起身、想專心工作的時候坐下，這樣的設計無非是希望能夠自由配合各種不同的工作模式。

從這一點看來，挪威設計師彼得・歐布斯福克（Peter Opsvik）其實是一位非常有先見之明的人。1970年代末期，他就發表劃時代的椅子「Variable Balans」，為「坐」這個「靜態」行為帶入「動態」概念。只要垂直將膝蓋靠在椅子上坐下來，身體就會自然前彎，不僅提升呼吸品質，也能減輕對脊椎的壓迫。無論伸懶腰還是蹲坐，椅子都能跟上你的腳步。

我思考了一下要怎麼坐，才戰戰兢兢地試著坐上去。結果不只背部自然地挺直，座椅也超乎我想像的穩定。嘗試前後搖一搖，晃動的感覺很舒適。這把椅子感覺很適合坐在上面思考呢！

046

10 gruppen 肩背包

那是最近發生的事。我為了寫書稿必須使用網路查資料，打開網頁一看，才知道「10 gruppen」已經於2015年2月28日結束營業。得知每到斯德哥爾摩必定造訪的店家已經消失，連我自己都沒想到會那麼震驚。

1970年，由十位年經設計師一起成立10 gruppen。不拘泥於既有的布織品產業框架，從設計到製作、販售都一手包辦，儘管如此，一直走到最後的只有貝爾吉塔・漢恩（Birgitta Hahn）、湯姆・海多克伍斯德（Tom Hedqvist）、英格蓋拉・霍肯森（Ingela Hakansson）三人。該品牌每年都會發表新作品，2013年秋天甚至還與UNIQLO合作，所以我才會格外驚訝。

我個人很喜歡這些在塑膠材質上呈現大膽圖樣的產品，傳達出不被任何東西束縛的自由感受。一般而言，遇到這種情形應該會招募新的成員，努力思考要如何讓品牌繼續營運才對。然而，從開始到結束都維持原本的創業成員，俐落結束經營45年的心血，我想也是10 gruppen特有的風格。

10

047

ARCHITECTMADE

木製小鳥

ARCHITECTMADE公司一直持續製造芬・優爾、保羅・凱霍爾姆（Poul Kjærholm）、約恩・伍茲沃（Jorn Utzon）等丹麥設計巨匠鮮為人知的設計產品。依照設計師所繪製的設計圖，由經驗豐富的工匠選擇材質，以精準的手工藝、嚴格的品質控管製造出完美的工藝品，近年來在日本也廣受好評。

克利斯汀・維戴爾（Kristian Vedel）在眾多優秀設計師當中仍然一枝獨秀。維戴爾深受卡爾・克林特與國立包浩斯學校（譯註：Bauhaus是一所德國的藝術和建築學校，講授並發展設計教育。）影響，非常重視二十世紀設計師的規範，但也創造出許多幽默有趣的作品。

1959年誕生的「小鳥」木雕造型簡樸，但頭可以上下左右轉動，創造出各式各樣不同的表情。小鳥本身使用丹麥最高級的橡木製成，眼睛的部分則是鑲嵌楓木與非洲崖豆木，仔細以手工嵌合木頭與木頭之間的交接處。這款ARCHITECTMADE木雕，不僅有玩具的趣味性也兼具雕塑的藝術性。

048

SKANDINAVISK HEMSLOJD 圓木盒

我曾經造訪位於秋田縣大館市的圓木盒工廠。在這個工廠裡，蒸煮秋田杉的薄板、沿著模具折彎、用機具固定並乾燥、最後以山櫻樹皮縫合固定等一連串的製程，幾乎全都以手工進行。

我拜訪的工廠就放著從北歐採購回來的圓木盒。我大概可以猜想，其製作過程應該十分相似。從用途來看，大館市產的圓木盒是拿來裝米飯，與北歐的用法肯定不同。圓木盒究竟是從北歐傳來日本，抑或是氣候與風土相近的北歐與日本東北部因應需要而自然產生的呢？恣意想像這些事情，也是一種樂趣。

049

Växbo Lin

擦碗布

2011年9月，我因為採訪工作而前往北歐最大的雜貨展「Formex」。許多品牌都強調品質與環保，讓人覺得產品都大同小異，但我對Växbo Lin卻印象深刻。大概是因為這個品牌流露出誠實的感覺吧！

Växbo Lin之所以會在1989年創業，據說是因為亞麻產地維世谷堡（Växbo）當時的「社區營造」活動。現在則是使用當地的亞麻材料與第二次世界大戰以前的紡紗機，從紡紗到製造產品都在自營工廠完成。這款擦碗布越用越柔軟，吸水性與速乾性也隨之提升，是製作過程非常嚴謹的一項產品。

050

Arabia的Soraya咖啡杯盤組

「Soraya」咖啡杯盤組是由活躍於Arabia公司的女設計師谷娃爾・歐林・谷朗夫維斯特（Gunvor Olin-Gronqvist）所設計。在褐色釉藥上，以飽滿筆觸描繪圖樣的杯子，與咖啡十分相配。凝視杯體所呈現的褐色，不禁聯想到日本出雲市的出西窯與松江市的湯町窯等山陰地區（譯註：位於日本本州西部面向日本海的地區。一般是指鳥取縣、島根縣和山口縣北部地區。）出產的民藝品。事實上，1950年代開始北歐與日本民藝曾經有所交流。

凱・佛蘭克曾經三度造訪日本。其中最令人印象深刻的，應該是1956年第一次來日本的時候。當時，益子町的濱田庄司與京都的河井寬次郎等民藝相關人士都與他見過面。據說他最有興趣的是市井小民的生活樣貌與漁村、農村的風景，而且還不知道從日本的哪個地方帶回捕捉章魚的章魚壺。從這件事也能看出他對無名工匠製作、毫無銘刻的日用品十分熱衷。而且這也影響了凱・佛蘭克以及他的晚輩谷娃爾・歐林・谷朗夫維斯特等人的設計思想。我想日本民藝與北歐設計之所以能有所共鳴，並非只是單純的巧合而已。

051

LE KLINT

吊燈

在丹麥如果提到克林特家族，人人皆知該家族是設計名門。其中，最有名的人就是卡爾・克林特。他打造「Faaborg Chair」、「Safari Chair」等名椅，並留下與父親彼得・魏何爾・葉森克林特（Peder Vilhelm Jensen-Klint）共同合作的「管風琴教堂」（譯註：位於丹麥哥本哈根的教堂，是為了紀念丹麥神學家、作家和詩人格倫特維（N.F.S.Grundtvig）而建造的。）等建築。除此之外，他還在丹麥皇家藝術學院執教鞭，指導歐雷・旺夏以及波耶・莫耶謝等人。從「丹麥近代傢俱設計之父」這個稱號，就可知他非等閒之輩。

另外，他也是照明燈具品牌LE KLINT的創辦人。二十世紀初，彼得・魏何爾・葉森克林特不經意地把紙有規律地折彎繞曲做成燈罩，成為他創業的契機。這款吊燈的製作方法，原則至今也都沒有改變。

照片中的吊燈「172B」雖然是實用品，但不點燈的時候宛如雕塑般的氛圍也非常出色。設計者是保羅・克利斯汀珊（Poul Christiansen）。他與波利斯・巴林（Boris Berlin）共同合作的設計品牌KOMPLOT DESIGN為哥本哈根凱斯楚普機場設計無軌電車、曾開發「Gubi Chair」等產品。

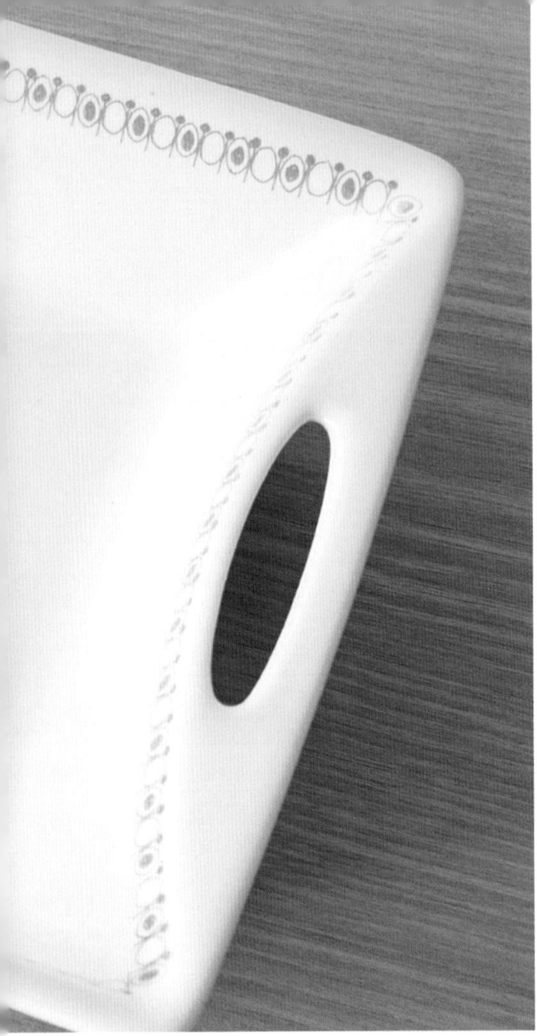

052

Figgjo
四角托盤

挪威的Figgjo公司現在起用英格亞德・羅曼（Ingegerd Raman）、約翰・維爾德（Johan Verde）等設計師，將設計簡潔且富有功能性、高品質的業務用瓷器販售至各高級飯店與餐廳。然而，從現況完全無法想像，這間公司以前曾經製造過充滿童話風格的作品。

最有名的是活躍於1960年代之1980年代的挪威女設計師茱利・葛拉姆斯塔德・奧利薇（Turi Gramstad

Oliver）所設計的「Lotte」系列。她以纖細的筆觸描繪隔著大片花草，一對害羞的情侶正在說話的樣子。除此之外，茱利還設計了描繪挪威市場的「Market」、表示英雄故事的「Saga」、大膽使用花卉圖騰的「Daisy」等系列商品。

這個「Lotte」系列的四角托盤，其實並非出自我個人的興趣，而是東京辦公室旁的二手店正好以舊貨市場三分之一的價格販售，所以就很隨意地買下來。雖然至今一次都沒用過只是拿來觀賞，但也漸漸地喜歡上這個作品了。

053

PLAYSAM的 Streamliner玩具汽車

一說起北歐的玩具品牌，就會想到丹麥的樂高、凱・波伊森的木製玩具等，我認為這些玩具很多都是大人也會喜歡的類型。瑞典的PLAYSAM公司也是其中之一。自1984年創業以來，任用比優倫・達爾斯多姆（Bjorn Dahlstrom）等外聘的設計師，並陸續發表產品。主要設計師烏伏・漢森斯（Ulf Hanses）所設計的「Streamliner」可以說是象徵PLAYSAM的產品。

照片中的「Streamliner Classic」雖然外觀簡潔，但令人忍不住想觸碰的流線造型與光滑表面、有深度的光澤感，不只兒童喜歡，連成人都會被吸引。儘管目前已經推出敞篷車等類型來擴充品項，但基本的形狀都未曾改變。

2005年時這款玩具甚至被放在瑞典的郵票上，現在已經是代表國家的商品。說到原本的製作緣由，其實是漢森斯為身心障礙兒童設計玩具才發展出這款產品。或許就是因為這份體貼入微的心意，所以才獲得眾人的支持吧！

Jiří Šalamoun
Maxipes

054

PLAYSAM
原子筆

一談到瑞典的PLAYSAM公司，就會有生產兒童用商品的印象。其代表作「Streamliner」玩具汽車可以放在書房當裝飾品、「原子筆」也很適合上班族從筆袋裡拿出來簽名。

原子筆外觀或許看起來胖胖的，但因為呈三角形所以拿在手上很剛好。尤其它的光澤感與恰到好處的重量，讓人忍不住想觸碰、想一手掌握。我認為這是非常巧妙地將「可操作暗示理論」（譯註：affordance，物品具有讓人明顯知道該如何使用它的特性。）帶入設計的好商品。

Lovi
裝飾卡片

最近已經很久沒寫信了。明明收到信是一件那麼快樂的事情……。位於芬蘭羅瓦涅米的聖誕老公公中央郵局，至今仍然在回信給每個寫信給聖誕老公公的孩子。

信紙，是乘載著夢想的東西。如果信紙也能變成小鳥雕塑品的話……。由芬蘭的Lovi品牌所推出的明信片，使用白樺木的合板，能夠貼上郵票寄出，組合也非常簡單，是一款暖心而浪漫的商品。

HASSELBLAD
503cw

Hasselblad 腰平單眼反射式相機

我還是上班族的時候，在拍攝型錄現場注意到某位攝影師手中的相機。他把相機拿在腰部左右的高度，由上方窺看觀景窗，隨著當模特兒的孩子們移動。當時那款相機好像就是出自瑞典Hasselblad品牌的腰平單眼反射式相機。

我越調查就越對它有興趣。比如公司成立的緣由是因為瑞典空軍委託開發空拍用的相機、阿波羅11號登陸月球時也使用這款相機拍攝等故事，都非常吸引我。

不過，我認為最吸引人的是自1948年開始販賣市售用型號「1600F」以來，外觀設計幾乎沒有改變。在這個快速變遷、設計成為消耗品的現代社會當中，曾於薩博汽車大顯身手的工業設計師辛克斯坦・沙索（Sixten Sason）勾勒出的基本外型，卻未曾褪色。

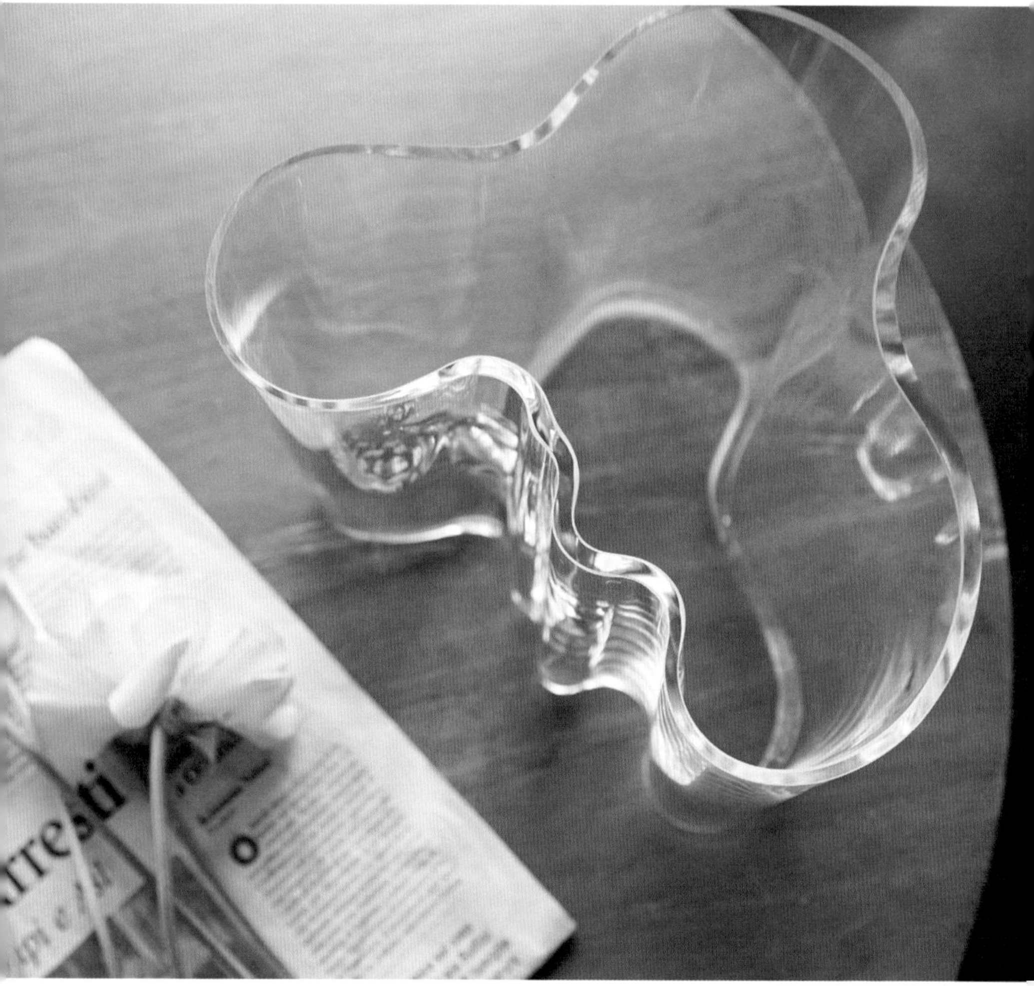

057

阿瓦・奧圖的設計花器

阿瓦・奧圖於１９７６年逝世，距今已經快四十年，芬蘭國內仍保存超過八十個奧圖的建築。除此之外，奧圖於１９３９年為紐約萬國博覽會設計芬蘭館，被弗蘭克・洛伊德・萊特（Frank Lloyd Wright）譽為「天才」、受聘麻省理工大學教授等事蹟，讓小國芬蘭的存在廣為世界所知。我總覺得他不是以一名建築師的身分而是以肩負國家榮辱的氣概從事設計工作。

另外，奧圖的產品還扮演親善大使的角色。設計發想有湖泊、水窪、樹木切塊、海濤等諸多傳聞的「Aalto Vase」花器，於１９３６年發表以後，至今仍持續製造生產。在玻璃名作輩出的芬蘭，這款花器的優美線條仍然獨樹一格。翌年在巴黎萬國博覽會展出，使得奧圖的名聲躍上國際，而現在赫爾辛基的「SAVOY」餐廳仍採用這款花器裝點桌面迎接賓客。

史蒂格・林多貝利的樂園

史蒂格・林多貝利設計出了許多像是「Berså」、「SpisaRibb」、「PRUNUS」等，由Gustavsberg公司出品的系列陶瓷器。雖然他也設計商品造型，但吸引觀賞者的往往都是上頭的圖樣。林多貝利以視覺設計師的身分設計過的商品有繪本《貪心的古拉格爾過生日》、西武百貨的包裝紙等。

雖然鮮為人知，但林多貝利設計的布織品也有許多名作。他的感性與想像力發揮在杯盤上總令人覺得範圍太小。最早認可他的才能、把他帶入布織品世界的人，就是在斯德哥爾摩歷史悠久的NK百貨公司布織品工作室擔任室長的阿斯里德・珊裴（Astrid Sampe）。林多貝利於1947年至1960年代留下許多作品，而1950年發表的「樂園（Lustgården）」就像是一篇充滿林多貝利活潑開朗風格的故事。

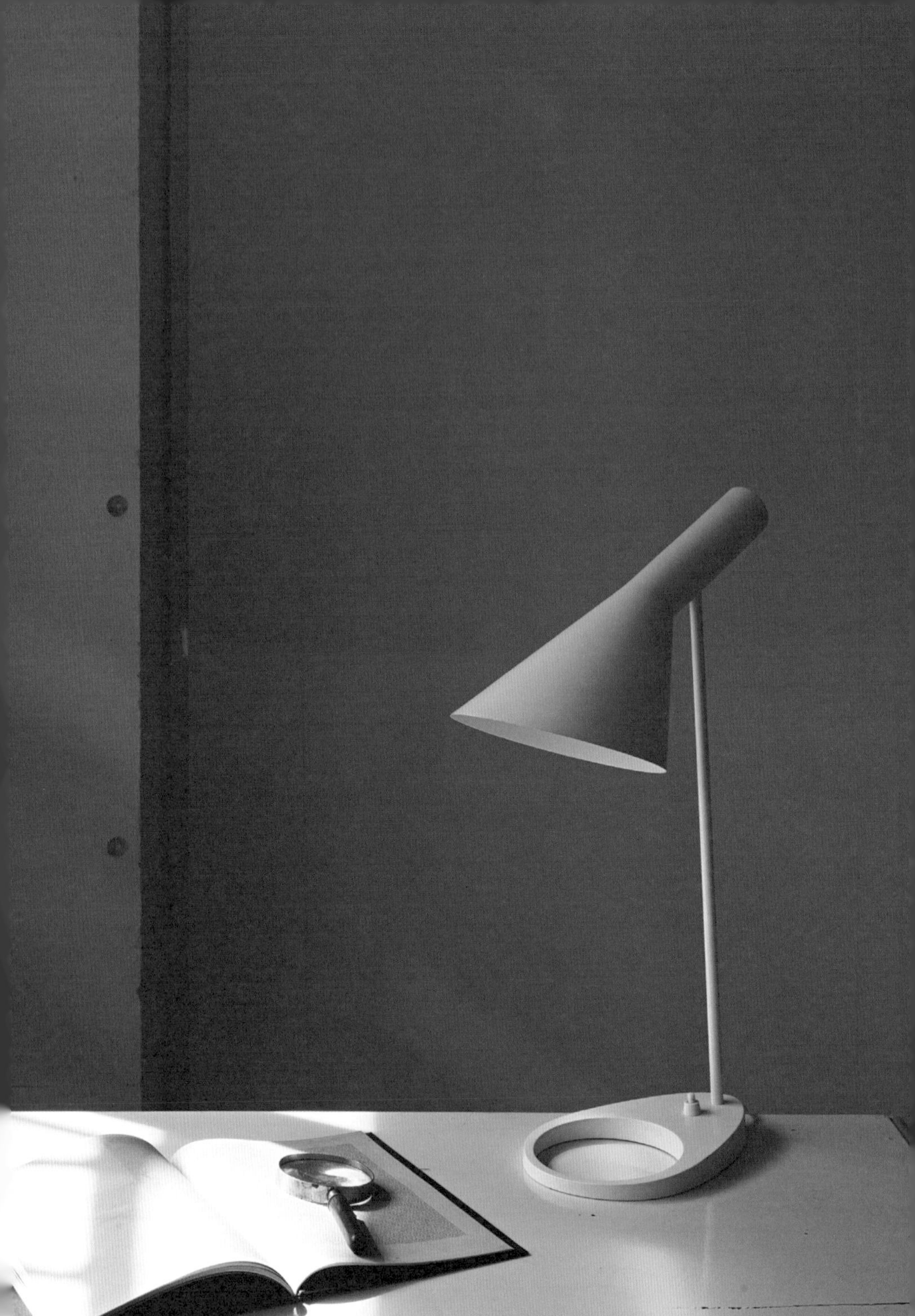

059

Louis Poulsen的AJ Table桌燈

建於哥本哈根中心位置的「SAS皇家飯店（現為Radisson Blu Royal Hotel）」是亞納・雅各布森實現設計夢想的地方。當時雖然有人揶揄是「玻璃香菸盒」，但自1960年竣工至今橫越半個世紀，其摩登現代的外觀仍然以哥本哈根地標之姿綻放光芒。

雅各布森不只設計建築。從大廳的「Egg Chair」、「Swan Chair」等傢俱，到窗簾、地毯、餐具、門窗，甚至連照明燈具都貫徹雅各布森自己的美學意識。

照明燈具系列命名為「AJ」，現在仍由Louis Poulsen發展出桌燈、立燈等產品。將圓與直線之線條以直角、斜角組合設計而成的燈具，對鮮明的建築物正面外觀而言，與大廳螺旋狀階梯、「Egg Chair」、「Swan Chair」的曲線形成絕妙搭配，明確展現出雅各布森的設計特徵。

060

RÖRSTRAND的Mon Amie系列

「fika」這個單字在瑞典語裡意指「茶」。早上十點或下午三點，無論對象是誰都會問聲：「Ska vi fika?（要不要喝杯茶？）」如果是在夏季，就到陽光和煦的屋外露台，冬天則在溫暖的暖爐前或辦公室裡喝咖啡搭配點心，一邊聊天一邊渡過多采多姿的時光。

瑞典最具代表性的名窯Rörstrand創業於1726年，是歐洲第三名歷史悠久的品牌。曾發表1930年斯德哥爾摩博覽會上展出的「Swedish Grace」系列與諾貝爾獎晚宴上使用的「Nobel」系列等經典款，以及出自瑪麗安娜・衛斯特曼（Marianne Westman）之手，描繪生長於下著雨的夏至前夜祭典的藍色花朵圖樣「Mon Amie」等休閒款式。

順帶一提，「Mon Amie」在法語裡意指「我的好朋友們」。這個系列十分適合與友人喝茶聚會時使用。

061

ROROS TWEED
毛毯

挪威的勒羅斯鎮早已登錄為世界遺產，從十七世紀開始約三百年間，都因銅礦山而繁榮，至今仍保留看得出往日榮景的木造建築。

在這個美麗的村落出產毛毯。嚴選生活在寒冬時甚至會降到零下四十度的山上、吃著無農藥牧草的小羔羊羊毛，從紡紗到染色、紡織、商品化等工程，皆由ROROS TWEED與集團公司之一的RAUMA共同進行。

以高品質純小羔羊毛製成的毛毯，具有優良的防寒性、保濕性與彈性，讓人能溫暖而優雅地包裹身軀。

062

Almedahls
提袋

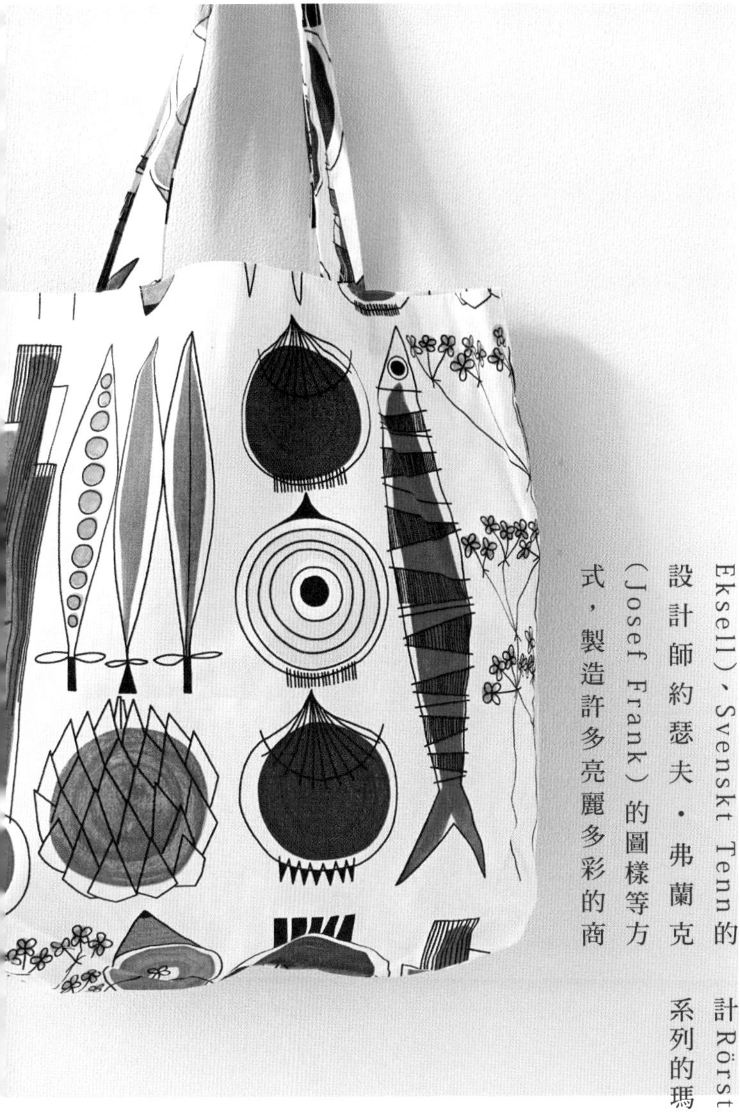

Almedahls創業於1846年，是瑞典歷史最悠久的布織品製造商。此品牌藉由復刻歐雷・艾克賽爾（Olle Eksell）、Svenskt Tenn的設計師約瑟夫・弗蘭克（Josef Frank）的圖樣等方式，製造許多亮麗多彩的商品。

描繪出魚和洋蔥等食材、命名為「Picknick」的圖樣是非常歡樂的設計。設計師為設計Rörstrand「Mon Amie」系列的瑪麗安娜・衛斯特曼。

063

Arabia的keira咖啡杯盤組

海軍藍、褐色、黑色……。拿起不用尺規手工緩緩勾勒出線條的咖啡杯，裝在杯中的咖啡想必看起來會很好喝。可能是因為Arabia在1960年代的舊貨多為花朵或水果圖樣，這款咖啡杯身在其中顯得新鮮有趣。

咖啡杯盤組的名稱為「keira」。其造型為「M model」，也是「Taika」、「Karelia」、「Saara」等系列皆採用的高人氣款式。造型設計由彼得・溫奎斯特（Peterm Winqvist）與安雅・亞蒂內・溫奎斯特（Anja Jaatinen Winqvist）夫妻共同操刀，裝飾則由安雅・亞蒂內設計。其實，我滿意外這種裝飾出自女性之手。因為剛剛提到的花朵或水果圖樣，都是由埃斯泰利・托姆拉與烏拉・布羅柯佩等女性設計師所繪製。

1955年至1974年這段期間，安雅・亞蒂內任職於Arabia公司，之後隨第二任丈夫轉往芬蘭的陶瓷器製造商PENTIK，以設計師的身分活躍於第一線。現在，PENTIK以芬蘭為中心已經擴展超過八十個家飾店鋪。

064

薩米地區的KUKSA

KUKSA是居住在薩米地區（譯註：位於北歐斯堪地那維亞半島的北部，橫跨挪威、瑞典及芬蘭北部和俄羅斯科拉半島北部。）的薩米人自古傳承而來的木製杯子。傳統的KUKSA使用稱為bahak的白樺木樹瘤，挖空之後製成杯子，因為能採用的量有限，現在通常用白樺木或榿木等材質製作。

調查KUKSA的時候，發現幾個有趣的傳說。據說以前居住在薩米地區的人們，認為清洗KUKSA會帶走所有好運，唯一能夠避禍的方式，就是使用從薩米山區流出的新鮮河水清洗。

啟用新的KUKSA之前有特殊儀式。「kuksan huljutus」這個單字就是指第一次使用KUKSA之前的傳統祭儀。首先在杯中倒入些許咖啡或干邑白蘭地，轉動杯子讓飲料均勻沾遍內側。接著，將杯中飲料倒掉，再重複一次這些動作。最後在第三次的時候，把飲料斟滿並一口氣喝光。結束這個儀式之後，才能開始使用KUKSA。

因為機會難得，我想下次也來執行這個儀式，然後開始使用KUKSA。

065

Bodum法式濾壓壺

您可能會覺得意外，北歐其實是咖啡大國。芬蘭每位國民的咖啡消耗量世界第一，丹麥、挪威也誕生許多咖啡師比賽冠軍。引領北歐咖啡文化的龍頭，就是丹麥的bodum公司。

2012年奧斯陸的濃縮咖啡廳「FUGLEN」大舉登陸東京，因為該店的特色就是愛樂壓（AeroPress）沖泡法，所以或許有人會覺得那就是標準的北歐咖啡沖泡法。然而，實際上卻還有濾紙式沖泡法、濾壓壺沖泡法等其他方式。bodum公司以製造法式濾壓壺為主，自1974年發售以來，至今已經製造約一億個咖啡壺。

照片中法式濾壓壺的產品名稱為「Eileen」。獨具特色的設計讓人聯想到裝飾藝術風格，其名稱是來自活躍於法國的愛爾蘭女設計師艾琳・格雷（Eileen Gray），設計的風格也是來自她最喜愛的圖樣。

066

Werner
製鞋椅

說到丹麥的椅子，應該很多人會想起亞納・雅各布森漢斯・J・華格納等設計巨擘吧！

這張「製鞋椅」不知道是由誰設計的。追溯其歷史，似乎是起源於十五世紀榨牛奶時使用的椅子，原本是椅面平整、有三支椅腳的簡樸椅子。想像一下相機的三腳架就能了解，三支椅腳在戶外凹凸不平的地面也能站立，人坐下來之後加上雙腿就更穩固了。之後，製鞋匠也開始使用這種椅子，他們為了讓椅子坐起來更舒服，把椅面切削使之能配合臀部的形狀，慢慢地越做越完美，不知不覺地這張椅子就被稱為「製鞋椅」了。現行商品是從1970年代初期，由Werner公司老闆的父親開始製作。

現在已經是二十一世紀了。這款佚名傑作的悠久歷史真令人驚嘆。

067

normann COPENHAGEN的
Washing-up Bowl 洗滌盆

「北歐設計就是○○。」這句話的○○裡可以填入的詞語，前幾名大概是簡約、實用、溫暖吧！當然這些都沒錯，只不過我覺得近年來還增加了許多富有「玩心」的產品。

其先驅就是丹麥的normann COPENHAGEN公司。1999年創立品牌，2002年以normann COPENHAGEN的名義推出第一個產品之後，穩健地陸續推出不同品項的商品，其中最具代表性的就是「Washing-up Bowl」。

設計師歐雷・詹森在清洗餐具時總覺得很難在堅硬的不銹鋼流理台清洗易碎的瓷器或玻璃杯，因此成為開發這款產品的契機。成功製作出橡膠製的洗滌盆，不用擔心手滑打破易碎餐具，鮮豔的顏色把無聊的清洗時間轉變成歡樂的時光。除了應用在戶外活動、當作孩子的玩具箱等場合，根據使用者的想法和玩心，還可變化出多種不同的用法。

Pia Wallén
毛氈布室內鞋

進入二十一世紀，日本開始有人介紹北歐設計的時候，相對於丹麥與芬蘭等設計巨擘的名號，瑞典則是以約納斯・寶林（Jonas Bohlin）、湯瑪士・桑代爾（Thomas Sandell）、克勞森・寇易斯特・盧內（Claesson Koivisto Rune）吸引眾人目光。

我個人非常喜愛皮雅・瓦蘭（Pia Wallén）這位女設計師。尤其是斯德哥爾摩最具代表性的雜貨精選店「ASPLUND」展示的毛氈布室內拖鞋，亮眼的縫線令我印象深刻。

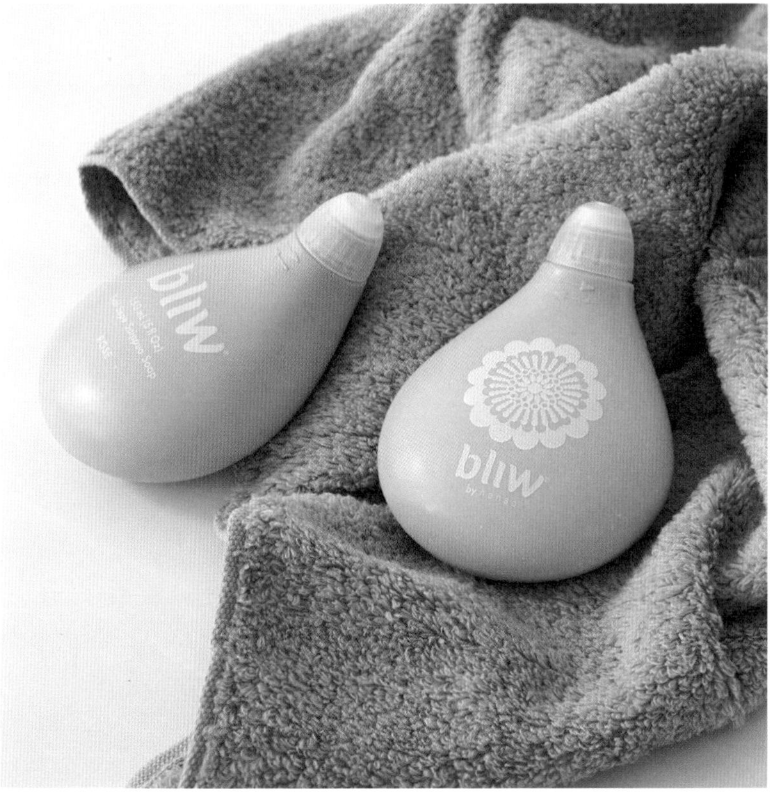

069

bliw
洗手乳

我去瑞典必買給日本友人的伴手禮就是bliw的洗手乳。它含有豐富的植物萃取成分，不只對皮膚好也是友善環境的液態洗手乳，自1968年發售以來獲得瑞典等北歐各國消費者的喜愛。

外觀設計也非常優秀。水滴狀的包裝兼具放在手掌上很方便拿取的功能性以及會令人想放在浴室的設計感。除此之外，其中也有芬蘭服飾品牌Nanso參與包裝設計的產品。

070

史蒂芬・林多福斯的Ego系列

我談到北歐設計時，常常拿Iittala的「Ego」當作例子。

應該有很多人都有拿著咖啡杯盤組走路，沒辦法掌握平衡而把杯中飲品灑到咖啡盤上的經驗。然而，Ego的把手就能固定在咖啡盤上，所以飲品不會灑出來。如果光寫這一點，可能會被誤會只是在追求功能性，但這款咖啡杯的把手曲線實在優美得令人驚豔。追求功能同時也提升設計感。從這個層面來看，我認為是非常正確的北歐設計觀。

這款Ego其實有把手上繪製公牛臉圖案的「Egox（Ego＋Ox＝Egox）」系列。這是2000年時，為紀念千禧年而製作的杯款。像這樣推出隱藏版角色的玩心，騷動了餐具迷的心。

設計師史蒂芬・林多福斯（Stefan Lindfors）是一位從設計到藝術、影像活躍於各領域的鬼才。我個人十分希望能夠再見到他設計的產品。

071

艾諾・奧圖的玻璃杯

具有穩定感的造型、厚實又堅固、不易滑動又好拿……。我想大概是這些簡單明瞭的優點，讓這款玻璃杯能夠持續販售。

在阿瓦・奧圖任職的艾諾，於1924年與阿瓦結婚。本來以為身為妻子的她會在背後默默支持丈夫，沒想到卻在1932年的設計競賽上打敗阿瓦。當時獲獎的就是這款玻璃杯，在1936年的米蘭美術展（Triennale di Milano）也獲得金獎。無論是艾諾，還是安蒂・努爾美斯米的夫人沃可・努爾美斯米、Marimekko的創辦人艾爾美・拉蒂雅（Armi Ratia）等女性設計師都不輸給丈夫，設計能量充沛又精力旺盛。

說到1930年代前期，奧圖尚未在國際間聲名大噪，芬蘭設計也鮮少有人關注。在這樣的狀況下，艾諾彷彿投下一顆石子讓水波向外擴散一樣，成為芬蘭設計廣為人知的契機。水波擴散的漣漪就宛如這款玻璃杯的造型。

072

Svenskt Tenn

杯墊

因為編寫拙作《北歐布織品指南》（譯註：書名為暫譯，原標題為《北　ファブリック　スタイリングブック》。），我前往芬蘭與瑞典共十一組設計師的自宅採訪。雖然已經料想Marimekko應該很多人喜歡，但沒想到Svenskt Tenn也很受歡迎。我本來以為古典的設計會讓人覺得過時，結果反而是很多人推崇約瑟夫・弗蘭克獨一無二的世界觀。我一向愛用瑟夫・弗蘭克繪製的杯墊與愛絲里德・艾瑞克森（Estrid Ericson）設計的「Elephant」圖紋錢包，每到斯德哥爾摩必造訪1927年未曾改變的地址「Strandvägen 5」，因此對我而言Svenskt Tenn受歡迎是一件令人開心的事。

1924年，女性實業家兼設計師愛絲里德・艾瑞克森所創辦的Svenskt Tenn，於1934年延攬奧地利建築家、設計師約瑟夫・弗蘭克之後有了轉機。以花卉與水果、鳥兒與蝴蝶為發想，融合古典與浪漫風格的家飾，至今仍吸引許多人。

073

KILA DESIGN
耳環

「這對耳環的設計怎麼……」應該有不少人發現圖案似曾相似。這是史蒂格・林多貝利的「Berså」系列。(P.56)

1996年酷熱的夏日裡，塞西莉亞・克拉森(Cecilia Claesson)四歲的兒子打開小手說：「媽媽，我撿到好漂亮的東西喔！」

從此，她就開始將破損不能使用的餐具重製成飾品的工作，這也是KILA DESIGN創業的開端。注定要被丟棄的碎片，再度被注入新生命。我希望以後挑選產品時，能夠一併考量它們背後的故事。

074

Arabia的Rypale咖啡杯盤組

杯子造型採用把手形狀特殊的Goran Back設計，佈滿整個杯面的葡萄與花朵由蘭雅・沃西克內（Raija Uosikkinen）繪製。雅緻的海軍藍令人印象深刻，這款咖啡杯盤組的名字是「Rypale」。非常適合倒入許多牛奶的咖啡歐雷。

1947年到1986年約四十年的歲月都任職於Arabia的蘭雅・沃西克內，是Arabia設計最多裝飾的設計師。代表作有描繪人物的「Emilia」以及水果圖樣「Pomona」等。

075

Arabia的
Filigran咖啡杯盤組

這款咖啡杯盤組以黃金描繪的細緻花卉圖紋，搭配類似圓錐狀的造型。乍看之下不太像北歐風格，但確實是1960年代到1970年代由Arabia製造的「Filigran」系列。與「Rypale」相同，上頭的裝飾也是出自蘭雅・沃西克內之手。

這些裝飾使用Filligree金銀絲細工的技法。價格與量產性或許非常重要，但當時的Arabia產品，讓我感覺似乎更充滿製造產品的樂趣。

076

Marimekko的Lemmikki系列

目前，Marimekko內部已經有數名日本設計師，敞開這扇門的其中一人就是石本藤雄。我曾經在赫爾辛基採訪過他，平靜穩定的語調與時不時露出的銳利眼光、還有談起故鄉愛媛縣的事情都令我印象深刻。

「Lemmikki」流露出虛無飄渺的日式風格，是發表於1978年的布織品，也是石本藤雄於1974年甫進入Marimekko的設計作品。Lemmikki意指「勿忘草」，不知道從名字推測設計師想傳遞的訊息是否會變成過度解讀呢？

SCANDINAVIA
TERENCE CONRAN'S HOUSE BOOK

077

NORRMADE的SHEEP四腳椅

NORRMADE是丹麥新興的傢俱品牌。雖然以「遊牧民族」為設計概念，但其底蘊是源自於對祖先的敬意。

很久以前，斯堪地那維亞人的祖先朝北方前進，終於抵達擁有和煦夏季和嚴寒冬季雙面性格的大地。他們十分珍惜寶貴的資源，學會一身對所有事物必須有所節制、依照常理運用的智慧。自此開始奠定斯堪地那維亞設計的基礎，跨越世代傳承至今。

NORRMADE的傢俱大多是因應生活所需、體積小且方便移動的產品。就像牧羊人一樣，牽著「SHEEP」走或許也很不錯。在玄關穿上馬靴的時候、在廚房做菜想稍作休息的時候，隨時都能使用。

這款產品的設計總監是由克勞斯・詹森（Claus Jensen）與亨利克・霍爾貝克（Henrik Holbæk）組成的設計品牌Tools Design。他們是以擔任「MONOQOOL」眼鏡與廚房雜貨「Eva Solo」等產品設計而聞名的實力派設計師。

078

OIVA TOIKKA

小鳥擺飾

赫爾辛基的舊貨舖「Vanhaa ja Kaunista」老闆凱蒂・耶魯（Katy Elo）的自宅裡陳列許多OIVA TOIKKA的玻璃作品。Nuutajarvi的玻璃瓶以及1972年開始生產的小鳥擺飾等作品，都是由工匠人工吹至一點一滴打造出來的。作品群鮮豔的色彩與自由奔放的造型，可謂豔冠群芳。小鳥擺飾至今仍持續製作，目前已經累積四百種系列商品。這次我從中選擇個頭嬌小的單色作品。雖然簡樸但細節的處理十分精巧。

說到北歐的玻璃，以瑞典斯莫蘭地區的Orrefors、KOSTA BODA等品牌聞名，這些都是會出現在王室晚宴的餐具，令人感覺屬於上流階層的產品較多。另一方面，非王國制的芬蘭則有OIVA TOIKKA與TAPIO WIRKKALA等品牌，連知名的凱・佛蘭克都在這裡留下藝術作品，我認為這些都是為了讓日常生活更美好繽紛而創造的。

在北歐，仍有許多設計簡約而不具功能性的名作。

wesc

079

WeSC耳機

漫步於斯德哥爾摩的街頭，會看到「WeSC」的黃色廣告看板。WeSC成立於1999年，是起源於瑞典的街頭品牌，廣受滑板玩家與雪板玩家的喜愛。順帶一提，品牌名稱是「We are the Superlative Conspiracy」的略稱。

對我這種不玩滑板也不玩雪板的人而言，照理說應該與該品牌無緣，卻在友人推薦下購買了丹寧褲，版型意外地非常合身。讓我稍稍改變街頭品牌服飾總是太過寬鬆的印象。

繼丹寧褲之後買的第二項產品就是耳機。因為我只是拿來連接平板聽音樂而已，所以比起音質我更想找外型好看的產品，我十分滿足於WeSC耳機的霧面色彩和令人印象深刻的logo，整體設計非常美觀。只是音質這方面我沒有和其他品牌比較過，希望各位還是要用自己的耳朵確認才好。

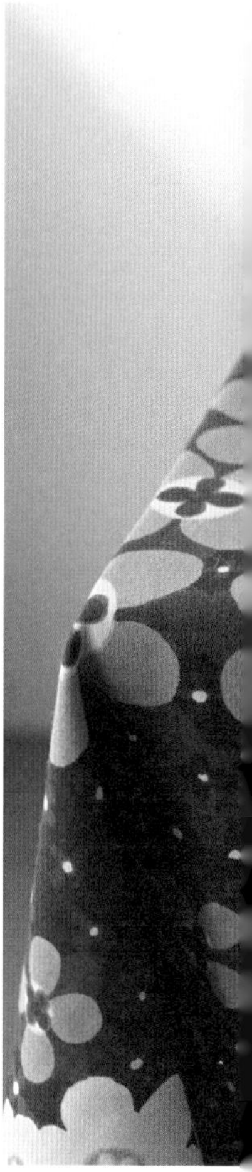

Tampella的Katinka桌布

撰寫拙作《北歐設計現場：來自北歐巨擘的建築╳傢俬╳工藝之美學與創新》（譯註：中文版由悅知文化出版，原標題為《北　デザインの巨人たち足跡をたどって》。）時，我曾思考阿瓦・奧圖的對手究竟是誰。畢竟他不只出現在紙鈔上，還有大學以他的名字命名，實在是一枝獨秀。從結論而言，他仍然有競爭對手。那就是以圖爾庫為據點活動的建築師──艾瑞克・布里克曼（Erik Bryggman）。除此之外，從Marimekko草創期十分活躍的瑪雅・伊索拉和沃可・努爾美斯米應該也是他的對手吧！無論如何，都已經無法向本人確認，這些也不過只是我個人的臆測⋯⋯。

那麼，Marimekko的對手又在哪裡呢？我認為應該是1980年初期就已經歇業的芬蘭品牌Tampella。60～70年代的朵拉・毓恩格（Dora Jung）、飾品與雜貨品牌「Aarikka」的創始者凱雅・阿里卡（Kaija Aarikka）等人都曾在該品牌大顯身手。照片中瑪爾雅塔・美佐瓦拉（Marjatta Metsovaara）設計的「Katinka」圖樣可愛華麗，決不遜於Marimekko的產品。

081

雅各布・贊臣的 Weather Station II

丹麥設計師雅各布・贊臣（Jacob Jensen）曾說過：「設計是人人皆能理解的語言。」沒有奇特造型或獨特的色彩，他的極簡設計彷彿在呼應這句豪情萬千的話語。

雅各布・贊臣於１９５８年成立「ＪＡＣＯＢ ＪＥＮＳＥＮ」工作室。之後與１９６４年至１９９１年間生產高品質音響、視聽設備聞名的Bang & Olufsen接觸，１９８５年至１９８９年擔任該公司顧問。另外，他以自己品牌的名義也設計出手錶與眼鏡等產品，１９９０年以後，工作室交由他的兒子提莫西・贊臣（Timothy Jensen）管理。

照片中是結合鬧鐘與氣壓計的「Ｗｅａｔｈｅｒ Station II」，它繼承了雅各布・贊臣的思考哲學：「只要看一眼作品，就能令人聯想到設計師，而設計師與使用者就是透過產品進行對話。」直線而傾斜的造型與簡約的設計、使用不同顏色做區隔，無疑是繼承雅各布・贊臣ＤＮＡ的作品。

1006mb
14:17:04
05.05.2015

A NEW
INVITATION
TO
LINGUISTICS

082

MONOQOOL的HELIX NXT眼鏡

從傢俱業界跨足眼鏡業界，而且老闆是兩位長期旅居日本的丹麥人。MONOQOOL就是這麼奇特的品牌。不拘泥於眼鏡既有概念，在自由發想當中誕生2010年春季發表的「Helix」系列。

該系列最大的特徵在於鏡框連接鏡架的鉸鏈部分。這裡呈現螺旋狀，只要旋轉鏡架就能與鏡框分離。如此一來，就不再需要一般眼鏡所使用的鉸鏈或黏著劑。零件也因此隨之減少，就算有故障的情況也能輕鬆更換。順帶一提，鏡框的NXT材質重量輕而且兼具子彈打不穿的強度。

由丹麥的TOOLS & DESIGN擔綱設計，製造則交給擁有世界頂尖技術的福井縣鯖江市工匠負責。為實現螺旋狀鉸鏈之設計，據說反覆進行無數次以微米單位計算的試作工程。因為設計者與製造者的熱忱，才催生這款革命性的眼鏡。

083

亞納・雅各布森的桌鐘

1939年，亞納・雅各布森在丹麥電器製造商龍頭Lauritz Knudsen發表這款桌鐘。雖然受大戰影響只販售一小段時間，但卻是日後雅各布森不以建築師身分參與許多產品設計的轉捩點。

最初的原型「Roman」，其特徵就在於優雅的數字刻度盤面。據說這是雅各布森設計1942年完工之奧胡斯市政廳（Aarhus City Hall）掛鐘的原點。

084

HAY
多層文件夾

HAY的產品能運用在生活中各種場合，是充滿機能美與智慧的丹麥家飾品牌。該品牌不只向50、60年代丹麥的偉大傢俱設計致敬，也開發結合現代潮流脈絡的商品。

法語「Plisse」意指有規律的皺褶，Plisse多層文件夾有10個A4大小的口袋，較薄的冊子也能放進去，十分便於使用，而且打開之後展現出鮮豔的漸層配色，是結合傳統機能性與現代設計感的文件夾。

085 凱・佛蘭克的 Kilta系列

我採訪曾經留學芬蘭的日本建築師時，他曾經說：「我想建造一個像凱・佛蘭克的家。」。

凱・佛蘭克雖然不是建築師，但我卻能理解那位日本建築師想要什麼樣的家。知道凱・佛蘭克的人，大概都會有類似的印象吧！

凱・佛蘭克的設計很普通。不需要添加什麼，也不需要刪減。一般而言，被說「普通」不少人都會反感，但在設計現場依然能恪守規格基準的凱・佛蘭克，著實令人敬佩。

「Kilta」是於1953年以「重新從功能面審視過度裝飾的餐具」的概念為基礎開發出的陶製餐具。1981年時轉變為對應微波爐與洗碗機的瓷器「TEEMA」，至今仍持續生產。終生都為庶民而設計的凱・佛蘭克，被譽為「芬蘭設計的良心」。

086

louis poulsen的PH2／1桌燈

持續照亮北歐夜晚的louis poulsen公司與設計師保羅・亨尼格山（Poul Henningsen）之間的幸福關係，直到1924年亨尼格山逝世後仍持續著。

亨尼格山最大的功勳就是運用自然界當中可見的其中一種螺旋——「等角螺線」，開發出不刺眼、打造陰影的燈罩。這款燈罩完成於1925年，經過三十年後於1958年發售眾所周知的不朽名作「PH5」。亨尼格山並不是想打造美麗的燈具，而是追求美麗的光線，其結果就是創造出這樣的造型。

2011年發表PH系列當中最小型的「PH2／1桌燈」。它不只是單純縮小尺寸而已。燈罩採用口吹玻璃製，內面也經過霧化加工，讓桌燈能夠產生柔和的反射光。調和以亨尼格山哲學為基礎所計算出來的光線，以及一掃工業產品既有的冰冷感與單調的光線後，「PH2／1桌燈」綻放出全新光芒。

087

Kauniste的Sunnuntai系列

Kauniste是2008年創業的芬蘭布織品品牌。設計師之一的馬丁・皮克薩姆在就讀赫爾辛基藝術大學（現為阿爾瓦大學）時就從事插畫工作，現在則為芬蘭報業龍頭〈赫爾辛基日報〉（譯註：原文為〈Helsingin Sanomat〉。）繪製插圖、並經手Marimekko與Arabia、Lapuan Kankurit等品牌的布織品設計。

「Sunnuntai」意指星期天。透過鳥兒的表情與花團錦簇的樣貌，描繪出一幅悠哉渡過假日的情景。

088

Kauniste的Sokeri系列

我到Kauniste的老闆家採訪時，在家中光線最好的客廳裡，就是使用這款「Sokeri」圖樣的窗簾。Kauniste起用北歐新興的創作者，將他們的才能運用傳統網版印刷表現出來，但是在這樣的情況之下「Sokeri」系列仍是發展最多品項的高人氣圖樣。設計師為漢娜・寇諾拉（Hanna Konola）。Sokeri意指砂糖。她讓簡約的形狀透出美感，從直覺與偶然性導向設計的才能十分出眾。

089
瑪雅・伊索拉的LOKKI布料

那是在京都採訪一家與咖啡館併設的北歐雜貨店時，經營店舖的芬蘭女性告訴我的故事。「對方要求我接受採訪時要穿Marimekko的圍裙，所以我只好穿了，但是那個人好像覺得Marimekko就等於UNIKKO系列……。實在很談不來呢！」我想應該有很多人都有這種刻板印象吧！不過這也代表UNIKKO圖樣在Marimekko當中是多麼具有象徵性。然而，負責設計UNIKKO、對Marimekko而言是不可或缺的傳奇設計師瑪雅・伊索拉其實是很多產的創作者。

這款名為「LOKKI」的圖樣，設計於1961年。在芬蘭語當中意指「海鷗」，造型的確很像海鷗展翅的樣子，但也像是幾何圖形。馬丁・皮克薩姆是一位以收藏Marimekko舊貨聞名的插畫家，他曾經說過：「再也沒有像瑪雅一樣創作這麼多圖樣的人了。」真想再多了解一點有關瑪雅・伊索拉的事情啊！

090

SKAGEN

腕錶

SKAGEN是1989年創立於丹麥的腕錶品牌。秉持著「設計美感與高品質不代表昂貴」的哲學打造腕錶，在日本也越來越多人喜愛。

這款腕錶是我與SKAGEN的外聘設計師紺野弘通先生一起演講的時候獲贈的禮物。我早就已經沒有帶腕錶的習慣了，但仍然認為這是一款極簡而美麗的手錶。既有正式場合能佩戴的氛圍，價格又合理。

SKAGEN也是丹麥日德蘭半島最北端漁村的地名。只要一出Grenen海岬，就能看到半島東側與西側海水交會的珍奇海景。除此之外，SKAGEN也以夏至前後的絕美日落而聞名，據說十九世紀末有許多藝術家移居此地。最近都是因為工作才前往北歐，所以太忙碌而沒有時間，希望有朝一日我能悠悠哉哉地專程造訪這個最北端的寧靜小鎮。

091

芬蘭設計撲克牌

我只是上個網就不小心買下來了。黑桃是「TEEMA」等陶瓷器與玻璃製品；愛心是奧圖等人的設計傢俱；方塊是Marimekko等布織品與時尚產品；梅花則是FISKARS的剪刀等日用品，清楚區分不同類別。騎士J、皇后Q、國王K分別是以代表性的設計師為臉譜，但裡面卻沒有奧圖。順帶一提，鬼牌是Marimekko的創始人艾爾美・拉蒂雅。

這是一組光用眼睛看就能學習芬蘭設計的撲克牌。

092

芬蘭郵局的模型車

我對汽車沒甚麼興趣，但是很喜歡「工作車」。前往巴黎時，對黃色車體上寫著「LA POSTE」的雷諾「Kangoo」郵務車一見鍾情，還為了買模型車在郵局排隊。

法國的車雖然很不錯，但芬蘭的也很可愛。這一款模型車是彩繪橘色和藍色圓點的福斯「Caddy」。與北歐其他三國不同，芬蘭並非王國制，所以設計不走古典路線，而是給人開朗自由的印象。

093

喬治・傑生的螺旋開瓶器

1904年，銀飾工匠喬治・傑生創辦Georg Jensen同名品牌。此品牌製造高品質生活風格商品已經超過一世紀。像是喬治・傑生設計的珠寶與銀製餐具組、亞納・雅各布森的系列餐具、黑寧格・寇佩爾（Henning Koppel）的Pitcher水壺、薇薇安納・托爾・貝羅（Vivianna Torun Bülow-Hübe）的手錶等產品，不乏跨越時代傳頌至今的名作。喬治・傑生的新藝術風格、雅各布森的摩登現代風格、寇佩爾雕刻般地線條等各種風格，其底蘊皆來自創辦人「融合功能與美學的普遍性設計」哲學。

這款螺旋開瓶器，由丹麥的湯瑪士・桑代爾設計，於2012年發表。儘管令人感受到品牌傳統，但印象更為簡練俐落，是展示新樣貌的野心之作。開瓶器和紅酒一樣由低到高有各種等級，若真心想要享受紅酒，那就連開瓶的工具都要講究一番才是。

PRODUCT OF FRA
Vieille Fe
en bouteille par
la Vieille Ferme

094

Flensted Mobiles的Balloon掛飾

以前，丹麥曾經非常盛行把MOBILE（譯註：類似風鈴是丹麥傳統技藝之一，材質為硬紙板或木片。）當作娛樂或是家庭代工來做。無論是掛在窗邊當作裝飾，還是吊在搖籃旁哄嬰兒，MOBILE至今仍然常常在丹麥家庭中出現。甚至還有「壞人一進房間，MOBILE就會動不了」、「MOBILE可以趕走小偷之類的鼠輩」等傳說，由此便可窺見MOBILE長期受到丹麥家庭的喜愛。

MOBILE一詞變得普遍，是起源於1931年馬塞爾・杜象（Marcel Duchamp）把亞歷山大・考爾德（Alexander Calder）的「動態雕刻」命名為「MOBILE」。順帶一提，考爾德的作品目前也展示於丹麥路易斯安納現代美術館（Louisiana Museum of Modern Art）臨海的高台上。

Flensted Mobiles是創業於1954年的MOBILE製造商。據說是因為設計師克莉斯汀・福蘭斯泰德（Christian Flensted）在剛出生的女兒的床上裝飾MOBILE，所以才開始創業。照片中的款式為長銷商品「Balloon 5」，而該公司園區上方聽說飄著真的熱氣球呢！

安妮・布萊克的戒指

在哥本哈根，有一個多名藝術家共同分享的工作室兼店舖「Designer Zoo」。距離我第一次拜訪那裡已經超過十年，當時我一眼就喜歡上創作瓷器餐具與飾品等產品的安妮・布萊克（Anne Black），至今也仍然十分關注她的動向。

2013年秋季第一次與她見面，柔軟溫暖同時又纖細敏感的性格，我想是完全展現在她的作品當中了。不知道是否因為如此，我總覺得跟她已經認識許久，當時幾乎沒有緊張感。

這款戒指也是充滿安妮・布萊克特殊魅力的作品。戒指本身和戒指上的圓點等圖樣皆為手工製作，所以每個都有些許不同。因為不像一般戒指有標示戒圍，不實際戴看看就不知道合不合手指。我很喜歡這種一期一會的精神。而且，因為是瓷器，所以總有一天會破損吧！這樣脆弱、虛無飄渺的本質也很吸引人。

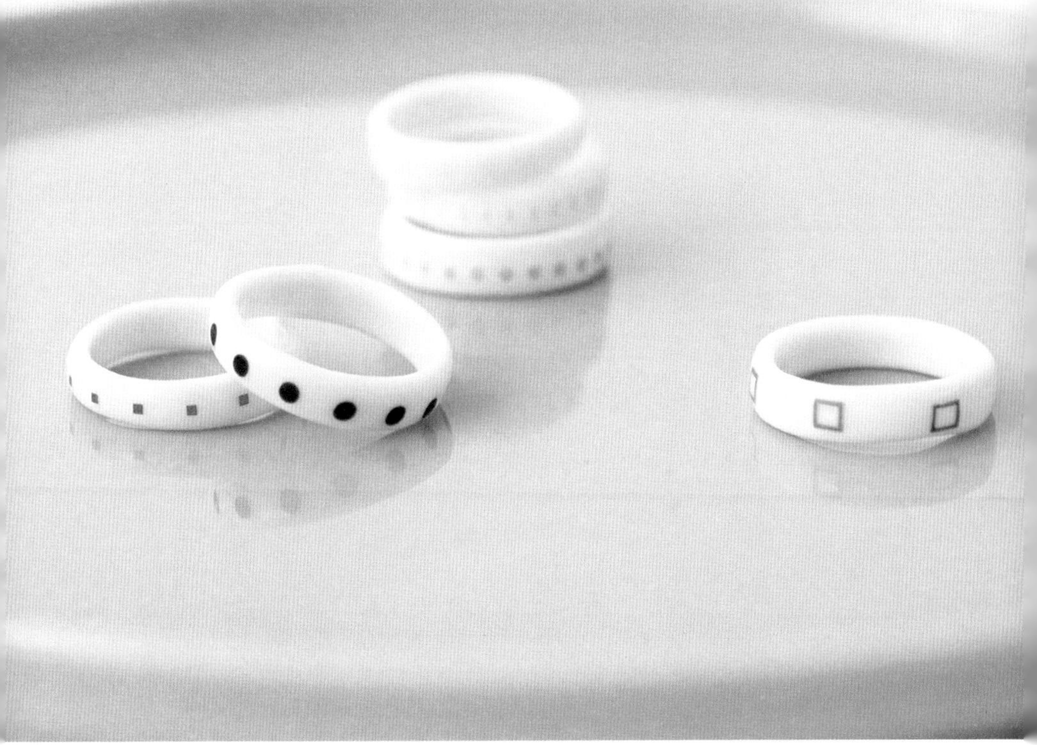

096

哈里・寇斯金內的 Block Lamp

自從對北歐設計產生興趣開始，就一直想擁有，但遲遲未採買的商品之一，就是Block Lamp。封印在冰塊裡的光線宛如詩一般美麗，這款燈具融化了我對「北歐設計等於簡約兼具功能性」的刻板觀念。點燈之後宛如暖爐般的溫暖燈光也好，只是放置在那裡宛如冰冷雕塑的感覺也很棒。

這款燈具發表於1996年。哈里・寇斯金內（Harri Koskinen）在學生時代想到點子，由瑞典的designhouse stockholm公司出品。我認為北歐有許多像這樣願意給年輕人展現才能的公司。有阿瓦・奧圖繼承人之稱的寇斯金內，目前擔任Iittala的設計總監。我萬分期待接下來他會挖掘出什麼樣的設計明星。

097

Tools Design的
Cafe Solo

Eva Solo是1997年從Eva Denmark分生出來的品牌。從品牌命名到設計概念、商品企劃、視覺設計一手包辦的就是由亨利克・霍爾貝克與克勞斯・詹森（Claus Jensen）所組成的設計工作室Tools Design。

見到他們的代表作「Cafe Solo」時，由衷覺得造型單純美麗。摸摸看材質之後，發現他們使用了不太像是廚房工具的材料。耐熱玻璃製的咖啡壺外，包裹著衝浪防寒衣材質的保護套。也就是說，因為材質的保溫效果非常好，所以能夠維持咖啡的溫度，而且倒咖啡的時候也不燙手，同時又能保護玻璃。拉鍊設計讓保護套能夠從咖啡壺取下，這讓我想起衝浪選手的背影。

設計美感與功能性，再加上一點幽默感。真是一款展現設計樂趣的產品。

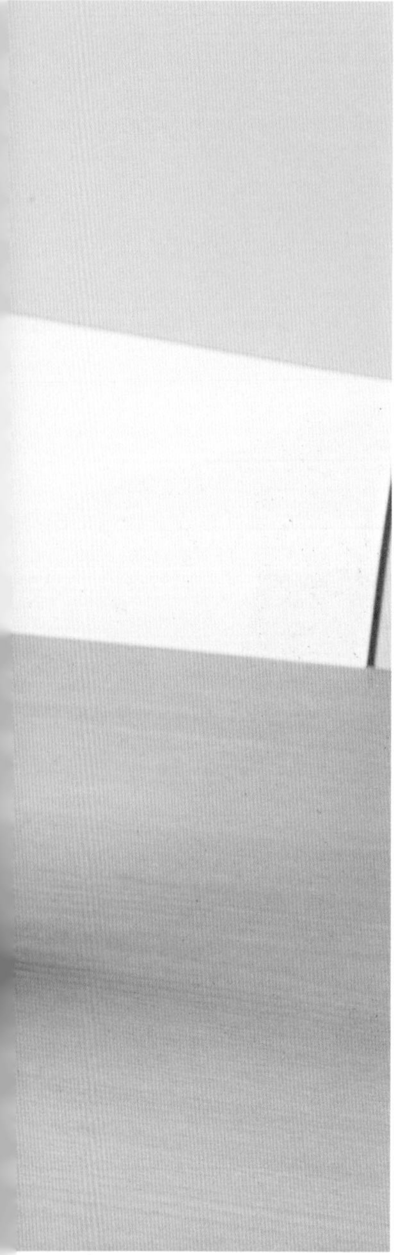

098

STUTTERHEIM

雨衣

2011年秋天，我漫無目的地走在斯德哥爾摩的賽登馬爾（Södermalm）街頭。當時經過一間只陳列白色雨衣的小店（可能也有黑色，但我記不清了）。清爽整潔的店面深處，有位年輕男子坐在那裡。我還記得當時心裡想著那畫面好像柯恩兄弟電影裡的一幕，然後就離開了。

過沒多久，我就後悔當初沒買下那件雨衣了。當下我覺得款式太簡約，找不到買它的理由。但是，我後來卻開始覺得材質的感覺和線條都是那麼地獨一無二。結果，在停留於斯德哥爾摩那段時間，我還是沒能再次造訪那間店。

「STUTTERHEIM」雨衣擁有獨特質感、貼合身體的美麗線條，當我看著它的時候，就覺得終於找到命中注定的款式了。設計師亞歷山大・斯德泰海姆（Alexander Stutterheim）據說是以自己祖父愛用的漁夫防寒衣為基礎，重新設計成有現代感的雨衣。得知這個故事之後，又更想買了。

099

阿瓦・奧圖的Stool 60

我曾經被問過北歐各國的設計究竟有什麼差異？從日本的角度來看，北歐很容易被歸類為同一個種類，但就像日本、韓國、中國各有不同一樣，北歐也各有千秋。雖然是題外話，不過據說瑞典和芬蘭的冰上曲棍球賽因為兩國都各有自己的意識形態，所以常常會陷入雙方都得不到分數的膠著戰，也不會有讚美贏家、下一場幫對方加油打氣這種事。

話題有點扯遠了，但兩國在設計上也有像這樣的顯著差異。「Stool 60」採用當時最尖端的「L Leg」折曲技法，但椅腳和椅面只用螺絲簡單固定。如果是在丹麥，一定會採用像宮廷木工那樣講究美感的接合方法吧！然而，Stool 60卻因為沒有選擇那條路，以低廉的製造價格普及到芬蘭的每個家庭中。這就是芬蘭融入大多數設計當中的思維。

100

Anna Victoria的 Dalarnas horse小馬擺飾

瑞典中部的達拉納省是瑞典人的心靈故鄉，以保留濃厚民族風俗而聞名。比如最有名的仲夏節，人們會穿上色彩鮮豔的民族服飾，圍著裝飾白樺木、楓葉與當季花卉的花柱整夜通宵歌舞。

發祥於達拉納的還有「Dalarnas horse」。據說是源自樵夫們在工作結束後，刻著玩的木雕馬。本來是帶給孩子的禮物，後來廣受好評，不知不覺這隻「帶來幸福的小馬」變成瑞典代表性的民藝品。

Anna Victoria的創辦人維多利亞・莫斯多爾姆（Victoria Manstrom）是生於斯長於斯的達拉納人。深植於這片土地的傳統、繼承自祖母的法蘭德斯地區的緙織壁毯技術，與她自己的設計品味互相融合之後，創造出彩虹色調的全新幸福象徵。

協力商店清單

以下價格不含稅。
舊貨價格會依照商品狀況等條件有差異，故不標記價格。

p.8
001 凱・佛蘭克的
Tumbler#2744玻璃杯
（個人私藏）

p.10
002 芬・優爾的
柚木碗
38,000日圓
ARCHITECTMADE
http://architectmade.com/
info@architectmade.com

p.12
003 安蒂・努爾美斯米的
咖啡壺
（舊貨）
kaffe,antik markka
http://markka.jp/
650-0003
兵庫県神戸市中央区山本通
3-1-2 谷口ビル2F
078-272-6083

p.14
004 奧法・多伊卡的
Kastehelmi玻璃盤
（個人私藏）

p.16
005 凱・波伊森的猴子擺飾
（個人私藏）

p.18
006 北極狐Kånken 後背包
（個人私藏）

p.20
007 Lapuan Kankurit羊毛毯
8,400日圓～
株式会社ビオトープ
http://lapuankankurit.jp/
03-6447-0581

p.22
008 海妮・麗塔芙塔的
RUNO系列
6,000日圓
株式会社スキャンデックス
http://www.scandex.co.jp/
03-3543-3453

p.24
009 阿瓦・奧圖的
SIENA圖樣系列
3,150日圓
アルテックジャパン
http://www.artek.fi/
03-6447-4981

p.26
010 在世界最北端的城鎮購買
環保袋
（個人私藏）

p.27
011 Arabia的Keto咖啡杯盤組
（舊貨）
kaffe,antik markka

p.28
012 FISKARS橘色剪刀
2,600日圓
アシストオン
http://www.assiston.co.jp/
150-0001
東京都渋谷区神宮前6-9-13
03-5468-8855

p.30
013 iris hantverk打掃工具
13,000日圓
hushykke
http://www.hushykke.com/
06-6131-6731

p.32
014 Cathrineholm
琺瑯雙耳鍋
（舊貨）
haluta packing case
http://www.haluta.jp/

p.34
015 亞納・雅各布森的
ANT Chair
（舊貨）
北欧傢俱talo
http://www.talo.tv/
259-1122
神奈川伊勢原市小稲葉
2136-1
0463-80-9700

p.36
016 耶魯・阿爾尼奧的澆水壺
2,300日圓
北欧雑貨
https://www.hokuouzakka.
com/
04-2941-2680

p.38
017 KOSTA BODA
杯子蛋糕造型玻璃碗
3,000日圓
リビング　モティーフ
http://www.livingmotif.com/
106-0032
東京都港区六本木5-17-1
AXISビルB1F, 1F, 2F
03-3587-2784

p.40
018 阿瓦・奧圖的GOLDEN
BELL吊燈
（個人私藏）

p.42
019 芬蘭的松木編織籃
9,000日圓
カゴアミドリ
http://kagoami.com/
186-0004
東京都国立市中1-15-6
菅野ビル2F
042-507-9087

p.43
020 normann COPENHAGEN
畚箕掃帚組
4,100日圓
scope
http://www.scope.ne.jp/

p.44
021 Arabia 的Faenza 系列
（個人私藏）

p.46
022 DESIGN LETTERS
文具商品
（繪圖本、色鉛筆15色）
各3,000日圓
アクタス二子玉川店
http://www.actus-interior.
com/
158-0094
東京都世谷区玉川1-14-1
二子玉川ライズS.C.
テラスマーケット2F
03-5717-9191

p.48
023 海克・歐若拉的24h Plate
（舊貨）
salmiakki
http://www.salmiakki.jp/

p.75
039 寶拉・斯荷內的
火災警報器
4,800日圓
新和商事株式会社
Shinwa Shop
http://www.rakuten.ne.jp/
gold/shinwashop/
06-6746-5513

p.76
040 漢斯・布拉托爾的
Scandia Junior座椅
(個人收藏)

p.78
041 尼可萊・柏格曼的
Flower box
8,700日圓
KOZLIFE
http://www.kozlife.com/
03-6435-2301

p.80
042 愛麗莎・奧圖的H55
4,200日圓
アルテックジャパン

p.82
043 Stelton保溫壺
10,000日圓
アカツキコーポレーション
株式会社
http://www.akatsuki.com/
112-8622
東京都文京区千石4-37-20
03-3941-3151

p.84
044 HACKMAN的
Scandia餐具
(舊貨)
kaffe,antik markka

p.86
045 彼得・歐布斯福克的
平衡椅
51,500日圓
株式会社ロイヤル
ファニチャーコレクション

046 p.88
10 gruppen肩背包
(個人收藏)

p.90
047 ARCHITECTMADE
木製小鳥
8,000日圓
arco store osaka
大阪府大阪市北区梅田3-1-3
ルクアイーレ1Fイセテン
シーズナルセレクション
06-6136-8815

032 p.62
艾瑞克・弘格蘭的玻璃杯
(個人收藏)

033 p.64
NORMARK打獵椅
17,000日圓
株式会社ロイヤル
ファニチャーコレクション
http://royal-furniture.co.jp/
105-0003
東京都港区西新橋1-21-4
若松ビル1・2F
03-3593-3801

034 p.66
Atmosphere地球儀
35,000日圓
SEMPRE AOYAMA
http://www.sempre.jp/
107-0062
東京都港区南青山5-13-3 1F
03-5464-5655

035 p.68
Johanna Gullichsen 的利樂
手提包
13,800日圓
Töölö
http://www.
johannagullichsen.jp/
650-0024
兵庫県神戸市中央区海岸通
2-4-7
078-392-6781

036 p.70
麗莎・拉索的獅子擺飾
6,000日圓
dieci
http://dieci-cafe.com/
530-0041
大阪府大阪市北区天神橋
1-1-11 天一ビル1・2F
06-6882-7828

037 p.72
DANSK的
Koben Style 雙耳鍋
12,000日圓
scope

038 p.74
BRIO嬰兒鞋
7,200日圓
arco store osaka
606-8166
京都府京都市左京区
一乗寺庵野町4
075-702-5039

p.50
024 SKANDINAVISK
HEMSLOJD沙拉叉匙組
2,160日圓
カゴアミドリ

p.51
025 史蒂格・林多貝利的
Konstruktion印刷布料
(舊貨)
kaffe,antik markka

026 p.52
Orrefors的Carat玻璃杯
7,000日圓
リビング　モティーフ

027 p.54
亞納・雅各布森的壁掛鐘
38,000日圓
hhstyle.com 青山本店
http://www.hhstyle.com/
107-0061
東京都港区北青山2-7-15
NTT青山ビル
エスコルテ青山1F
03-5772-1112

028 p.56
史蒂格・林多貝利的Berså
系列
(舊貨)
kaffe,antik markka

029 p.58
Artek折疊尺
1,995日圓
アルテックジャパン

030 p.60
HAY膠帶台
2,800日圓
CONNECT
http://www.connect-d.com/
761-2407
香川県丸亀市綾歌町富熊
440-1
0877-86-1244

031 p.61
Grannas小馬書籤
700日圓
arco store osaka
http://www.arcostore.jp/
530-8558

048 p.92
SKANDINAVISK
HEMSLOJD 圓木盒
10,000 日圓
カゴアミドリ

049 p.93
Växbo Lin 擦碗布
1,800 日圓
リビング・モティーフ

050 p.94
Arabia 的 Soraya
咖啡杯盤組
（舊貨）
kaffe,antik markka

051 p.96
LE KLINT 吊燈
（個人收藏）

052 p.98
Figgjo 四角托盤
（個人收藏）

053 p.100
PLAYSAM 的 Streamliner 玩
具汽車
7,000 日圓
arco store osaka

054 p.102
PLAYSAM 原子筆
4,000 日圓
arco store osaka

055 p.103
Lovi 裝飾卡片
1,900 日圓
arco store osaka

056 p.104
Hasselblad 腰平單眼
反射式相機

057 p.106
阿瓦・奧圖的設計花器
20,000 日圓
株式会社スキャンデックス

058 p.108
史蒂格・林多貝利的樂園
（個人收藏）

059 p.110
Louis Poulsen 的 AJ Table
桌燈
88,000 日圓
CONNECT

060 p.112
RÖRSTRAND 的 Mon Amie
系列
3,500 日圓～
株式会社スキャンデックス

061 p.114
ROROS TWEED 毛毯
19,000 日圓
KOZLIFE

062 p.115
Almedahls 提袋
2,800 日圓
KOZLIFE

063 p.116
Arabia 的 keira 咖啡杯盤組
（舊貨）
kaffe,antik markka

064 p.118
薩米地區的 KUKSA
2,500 日圓
カゴアミドリ

065 p.120
Bodum 法式濾壓壺
（個人收藏）

066 p.122
Werner 製鞋椅
30,000 日圓
株式会社ロイヤル
ファニチャーコレクション

067 p.124
normann COPENHAGEN
的 Washing-up Bowl 洗滌盆
7,800 日圓
scope

068 p.126
Pia Wallén 毛氈布室內鞋
11,000 日圓
インターナショナル
ギャラリービームス
http://www.beams.co.jp/
150-0001
東京都渋谷区神宮前 3-25-15
2F
03-3470-3948

069 p.127
bliw 洗手乳
（個人收藏）

070 p.128
史蒂芬・林多福斯的
Ego 系列
（個人收藏）

071 p.130
艾諾・奧圖的玻璃杯
（個人收藏）

072 p.132
Svenskt Tenn 杯墊
（個人收藏）

073 p.134
KILA DESIGN 耳環
14,000 日圓
arco store osaka

074 p.135
Arabia 的 Rypale
咖啡杯盤組
（舊貨）
kaffe,antik markka

075 p.136
Arabia 的 Filigran
咖啡杯盤組
（舊貨）
kaffe,antik markka

076 p.137
Marimekko 的
Lemmikki 系列
（舊貨）
kaffe,antik markka

077 p.138
NORRMADE 的 SHEEP
四腳椅
37,000 日圓
株式会社ロイヤル
ファニチャーコレクション

078 p.140
OIVA TOIKKA 小鳥擺飾
（舊貨）
kaffe,antik markka

079 p.142
WeSC 耳機
（個人收藏）

080 p.144
Tampella 的 Katinka 桌布
（舊貨）
kaffe,antik markka

081 p.146
雅各布・贊臣的 Weather
Station II
3,800 日圓
北欧雑貨

082 p.148
MONOQOOL的
HELIX NXT眼鏡
（個人收藏）

083 p.150
亞納・雅各布森的桌鐘
13,000日圓
hhstyle.com 青山本店

084 p.151
HAY多層文件夾
4,200日圓
KOZLIFE

085 p.152
凱・佛蘭克的Kilta系列
（舊貨）
dieci

086 p.154
louis poulsen的PH2/1桌燈
68,000日圓
CONNECT

087 p.156
Kauniste的Sunnuntai系列
3,200日圓
CONNECT

088 p.157
Kauniste的Sokeri系列
4,800日圓
CONNECT

089 P158
瑪雅・伊索拉的
LOKKI布料
（舊貨）
kaffe,antik markka

090 p.160
SKAGEN腕錶
（個人收藏）

091 p.162
芬蘭設計撲克牌
（個人收藏）

092 p.163
芬蘭郵局的模型車
（個人收藏）

093 p.164
喬治・傑生的螺旋開瓶器
8,000日圓
リビング　モティーフ

094 p.166
Flensted Mobiles的Balloon
掛飾
4,200日圓
scope

095 p.168
安妮・布萊克的戒指
3,700日圓
フォルトゥナー
http://www.anneblack.jp/

096 p.170
哈里・寇斯金內的
Block Lamp
13,000日圓
MoMA DESIGN STORE
https://www.momastore.jp/
150-0001
東京都渋谷区神宮前5-10-1
GYRE3F
03-5468-5801

097 p.172
Tools Design的Cafe Solo
11,000日圓
アカツキコーポレーション
株式会社

098 p.174
STUTTERHEIM雨衣
34,000日圓
スウィディッシュライフス
タイル
http://www.swedishlifestyle.
jp/
03-6904-9580

099 p.176
阿瓦・奧圖的Stool 60
（舊貨）
北欧傢俱talo

100 p.178
Anna Victoria的Dalarnas
horse小馬擺飾
（個人收藏）

協助拍攝

UTUWA
151-0051
東京都渋谷区千駄ヶ谷3-50-11
明星ビルディング1F
03-6447-0070

AWABEES
151-0051
東京都渋谷区千駄ヶ谷3-50-11
明星ビルディング5F
03-5786-1600

CASE gallery
http://www.casedepon.com/
151-0065
東京都渋谷区大山町18-23
03-5452-3171

萩原　健太郎 (HAGIHARA KENTAROU)

現為作家，也是京都造形藝術大學兼任講師。1972年生，大阪人。關西學院大學畢業。曾任職於株式会社アクタス，經歷北歐留學生活，2007年開始獨立工作。撰寫設計、家飾、北歐、建築、手工藝等領域之文章。著有《北歐布織品指南》、《跟著照片去旅行 北歐事典》(以上由誠文堂新光社出版)、《北歐設計現場：來自北歐巨擘的建築×傢俬×工藝之美學與創新》(中文版由悅知文化出版)等書。

http://www.flighttodenmark.com